职业教育课程改革创新规划教材

可编程控制器技术与应用
（西门子系列）
（第2版）

常 辉 主 编

U0256461

电子工业出版社

Publishing House of Electronics Industry

北京·BEIJING

内 容 简 介

本书是电子工业出版社职业教育电气自动化专业系列教材之一。充分体现了职业教育培养技能型人才的教学特色。

本书主要以西门子 S7-200 PLC 为对象，以 S7-200 PLC 的应用技术为重点。全书共 6 章，主要内容有 PLC 基础知识、认识 S7-200 PLC、PLC 程序设计基础、PLC 功能指令及应用、顺序控制的程序设计，以及 PLC 应用系统设计与实例。每章后均配有相应的习题供学习时使用。

本书可供电气自动化专业、机电控制技术专业、电子技术及应用专业、自动化仪表专业使用，也可作为工程技术人员的参考书。

图书在版编目（CIP）数据

可编程控制器技术与应用：西门了系列 / 常辉主编. —2 版. —北京：电子工业出版社，2017.6
职业教育课程改革创新规划教材

ISBN 978-7-121-31563-3

Ⅰ. ①可… Ⅱ. ①常… Ⅲ. ①可编程序控制器－职业教育－教材 Ⅳ. ①TP332.3

中国版本图书馆 CIP 数据核字（2017）第 108265 号

策划编辑：蒲　玥
责任编辑：白　楠
印　　刷：北京七彩京通数码快印有限公司
装　　订：北京七彩京通数码快印有限公司
出版发行：电子工业出版社
　　　　　北京市海淀区万寿路 173 信箱　邮编　100036
开　　本：787×1 092　1/16　印张：11.5　字数：294.4 千字
版　　次：2008 年 10 月第 1 版
　　　　　2017 年 6 月第 2 版
印　　次：2024 年 12 月第 14 次印刷
定　　价：27.00 元

前　言

可编程控制器（PLC）是一种以计算机为核心，综合了计算机技术、自动控制技术和通信技术等现代科技而发展起来的一种通用新型工业自动化控制装置。在工业控制领域从单机自动化到生产线自动化乃至生产自动化，从工业机器人、数控设备到柔性制造系统（FMS），PLC 都充当了重要的角色，并展现了强劲的发展态势。所以 PLC 以其可靠性高、灵活性强、使用方便的优势，迅速占领了工业控制领域，它与 CAD/CAM 和工业机器人一起被誉为现代工业生产自动化的三大支柱。所以，近年来可编程控制器技术受到广大从事自动控制和机电一体化技术人员的重视。

鉴于可编程控制器技术在工业控制领域的重要程度，许多职业院校将其作为机电、电气自动化、数控等专业的专业课程。因此我们组织了相关专业老师，经过认真调研，并结合目前我国工业控制领域中 PLC 的应用情况，最终选择了有较高性价比和市场份额的西门子公司 S7-200 系列小型 PLC 作为编写对象。在本书的编写过程中，力求体现职业教育的性质、任务和培养目标，坚持以就业为导向、以能力培养为本位的原则，突出教材的实用性、适用性和先进性。

全书共 6 章，第 1 章介绍了 PLC 的基础知识，包括 PLC 的定义、发展、应用，以及 PLC 的组成和工作原理。第 2 章介绍了 S7-200PLC 的基本结构，以及编程软件和仿真软件的使用。第 3 章是 PLC 程序设计基础，主要介绍了 PLC 的内部资源、编址寻址的方式，以及 PLC 的基本指令的功能和应用，并列举了一些工程应用的实例。第 4 章介绍了 PLC 功能指令及其应用。第 5 章是 PLC 顺序控制的程序设计，重点介绍了顺序控制的设计方法及应用。第 6 章 PLC 应用系统设计与实例介绍了 PLC 系统设计方法应用举例。在编写过程中，编者力求做到语言流畅、叙述清楚、讲解细致，所有内容都立足便于实际应用和教学，并融进编者的经验和成果。

本书适用于职业院校、技工学校、职业培训机构机电、自动化、数控等专业的学生，在使用中建议采用讲练结合的方式，要特别重视 PLC 在实际控制中的应用。除了适当的理论教学外，有条件的话可以加大实验实训的比例，课时分配建议如下：

章　　节	建议理论课时	建议实践课时	小　　计
第 1 章	4	4	8
第 2 章	4	4	8
第 3 章	8	8	16
第 4 章	6	6	12
第 5 章	6	8	14
第 6 章	6	6	12
合计	34	36	70

本书由安徽职业技术学院常辉主编，并编写第 1、3、5 章；安徽职业技术学院安红霞老师编写第 2 章；合肥市经贸旅游学校邓艳秋老师编写第 4 章；合肥市经贸旅游学校谢文革老师编写第 6 章。本书在编写过程中得到了安徽职业技术学院程周、张栩、洪应、温晓玲等老师的关心和帮助，在此表示衷心的感谢。

本书配有电子教学参考资料包，包括电子教案、教学指南、习题答案，请有此需要的教师登录华信教育资源网（http://www.hxedu.com.cn）免费下载，或与电子工业出版社联系，我们将免费提供（E-mail：hxedu@phei.com.cn）。

由于作者水平所限，书中疏漏和错误之处在所难免，欢迎广大读者提出宝贵意见。作者 E-mail：changhui_70@163.com

编　者

目　　录

第1章

PLC 基础知识

1.1 PLC 的定义与发展

可编程控制器是一种以计算机为核心，综合了计算机技术、自动控制技术和通信技术等现代科技而发展起来的一种通用新型工业自动化控制装置。它具有结构简单，性能优越，可靠性高等优点，在工业自动化控制领域得到了广泛的应用，被誉为现代工业生产自动化的三大支柱之一。

1.1.1 PLC 的定义

可编程控制器是计算机家族中的一员，是为工业控制应用而设计制造的。早期的可编程控制器称作可编程逻辑控制器（Programmable Logic Controller），简称 PLC，它主要用来代替继电器实现逻辑控制。随着技术的发展，这种装置的功能已经大大超过了逻辑控制的范围，因此，今天这种装置称为可编程控制器，简称 PC（Programmable Controller）。但是为了避免与个人计算机（Personal Computer）的简称混淆，所以将可编程控制器简称为 PLC。

为了使 PLC 生产和发展标准化，在 1987 年国际电工委员会（International Electrical Committee）颁布的 PLC 标准草案中对 PLC 做了如下定义：

PLC 是一种专门为在工业环境下应用而设计的数字运算操作的电子装置。它采用可以编制程序的存储器，用来在其内部存储执行逻辑运算、顺序运算、计时、计数和算术运算等操作的指令，并能通过数字式或模拟式的输入和输出，控制各种类型的机械或生产过程。PLC 及其有关的外围设备都应该按易于与工业控制系统形成一个整体，易于扩展其功能的原则而设计。

总之，可编程控制器是一台计算机，它是专为工业环境应用而设计制造的计算机。它具有丰富的输入/输出接口，并且具有较强的驱动能力。但可编程控制器产品并不针对某一具体工业应用，在实际应用时，其硬件需根据实际需要进行选用配置，其软件需根据控制要求进行设计编制。

1.1.2　PLC 的发展概况

1. PLC 的产生

1968 年美国通用汽车公司（GM），为了适应汽车型号的不断更新，生产工艺不断变化的需要，实现小批量、多品种生产，希望能有一种新型工业控制器，它能做到尽可能减少重新设计和更换继电器控制系统及接线，以降低成本，缩短周期。并提出了 10 项招标指标：

（1）编程方便，现场可修改程序。

（2）维修方便，采用插件式结构。

（3）可靠性高于继电器控制装置。

（4）数据可直接输入管理计算机中。

（5）输入电源可为市电。

（6）输出电源可为市电，负载电流要求 2A 以上，可直接驱动电磁阀和接触器等。

（7）用户存储器容量大于 4KB。

（8）体积小于继电器控制装置。

（9）扩展时原系统变更最少。

（10）成本与继电器控制装置相比，有一定竞争力。

这 10 项指标实际上就是现在可编程控制器的最基本的功能。其核心思想是用计算机代替继电器控制柜；用程序代替继电器控制线路的硬接线；输入/输出信号可与外部装置直接相连。

1969 年，美国数字设备公司（DEC）按照这 10 项指标制成了世界上第一台可编程逻辑控制器（PLC）PDP-14，在美国通用汽车公司生产线上应用并取得了成功，从此开创了可编程逻辑控制器的时代。

这一新型工业控制装置的出现，也受到了世界其他国家的高度重视。1971 日本从美国引进了这项新技术，很快研制出了日本第一台 PLC。1973 年，西欧国家也研制出它们的第一台 PLC。我国从 1974 年开始研制，于 1977 年开始工业应用。

从 20 世纪 70 年代初开始，不到 30 年时间里，PLC 生产发展成了一个巨大的产业，据不完全统计，现在世界上生产 PLC 及其网络的厂家有 200 多家，生产大约有 400 多个品种的 PLC 产品。

2. PLC 的发展历史

PLC 问世时间虽然不长，但是随着微处理器的出现，大规模，超大规模集成电路技术的迅速发展，数据通信技术的不断进步，互联网和信息技术的不断深入，PLC 也在迅速发展和完善，其发展过程大致可分 4 个阶段：

第一阶段，在 20 世纪 60 年代末至 70 年代中期，PLC 一般称为可编程逻辑控制器。这时的 PLC 主要是执行原先由继电器完成的顺序控制，定时、计数等功能。在硬件上以准计算机的形式出现，在 I/O 接口电路上作了改进以适应工业控制现场的要求，装置中的器件主要采用分立元件和中小规模集成电路，存储器采用磁芯存储器。在软件编程上，采用和继电器电路图类似的梯形图作为主要编程语言，并将参加运算及处理的计算机存储元件都以继电器命名。此时的 PLC 为计算机技术和继电器常规控制概念相结合的产物。

第二阶段，20 世纪 70 年代中末期至 80 年代中后期，PLC 进入实用化发展阶段，计算机技术已全面引入可编程控制器中，使其功能发生了飞跃。具有更高的运算速度、超小型体积、更可靠的工业抗干扰设计、模拟量运算、PID 功能及极高的性价比奠定了它在现代工业中的地位。20 世纪 80 年代初，可编程控制器在先进工业国家中已获得广泛应用。这个时期可编程控制器发展的特点是大规模、高速度、高性能、产品系列化。这个阶段的另一个特点是世界上生产可编程控制器的国家日益增多，产量日益上升。这标志着可编程控制器已步入成熟阶段。

第三阶段，20 世纪 80 年代中后期至 90 年代末期，可编程控制器的发展特点是更加适应于现代工业的需要。从控制规模上来说，发展了大型机和超小型机；从控制能力上来说，诞生了各种各样的特殊功能单元，用于压力、温度、转速、位移等各式各样的控制场合；从产品的配套能力来说，生产了各种人机界面单元、通信单元，使应用可编程控制器的工业控制设备的配套更加容易。

第四阶段，进入 21 世纪后，就整体而言，不论是硬件还是系统软件（专用操作系统、编程语言），以至于联网通信，PLC 正在向标准化方向发展。随着与互联网和信息技术的结合，以谋求在 ERP，MES 和 PCS 的 3 层体系结构中立于不败之地，更好地满足工业生产，管理及经营系统不断追求降低成本，快速响应，综合和整体高效，从而增强产品竞争力的要求。

目前，可编程控制器在机械制造、石油化工、冶金钢铁、汽车、轻工业等众多领域得到了长足的发展，成为工业控制领域的主流设备。

3．西门子 PLC 发展概况

西门子公司的 PLC 产品最早是 1975 年投放市场的 SIMATIC S3，它实际上是带有简单操作接口的二进制控制器。1979 年 S3 被 SIMATIC S5 所取代，该系统广泛地使用了微处理器。20 世纪 80 年代初，S5 系统进一步升级——U 系列 PLC，较常用机型有：S5-90U、95U、100U、115U、135U、155U。1994 年 4 月，S7 系列诞生，它更具有国际化、更高性能等级、更小安装空间、更良好的 WINDOWS 用户界面等优势，其机型为：S7-200、S7-1200、300、400。

发展至今，S3、S5 系列 PLC 已逐步退出市场，停止生产，而 S7 系列 PLC 发展成为了西门子自动化系统的控制核心，而 TDC 系统沿用 SIMADYN D 技术内核，是对 S7 系列产品的进一步升级，它是西门子自动化系统最尖端，功能最强的可编程控制器。

目前西门子公司又提出 TIA（Totally Integrated Automation）概念，即全集成自动化系统，将 PLC 技术溶于全部自动化领域。

4．PLC 发展展望

进入 21 世纪后，PLC 会有更大的发展。

从技术上看，计算机技术的新成果会更多地应用于可编程控制器的设计和制造上，将有运算速度更快、存储容量更大、智能更强的 PLC 出现。

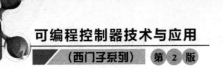
从产品规模上看，将进一步向超小型及超大型方向发展。从产品的配套性上看，产品的品种会更丰富、规格更齐全，完美的人机界面、完备的通信设备会更好地适应各种工业控制场合的需求。

从市场上看，各国各自生产多品种产品的情况会随着国际竞争的加剧而打破，会出现少数几个品牌垄断国际市场的局面，将会使用国际通用的编程语言。

从网络的发展情况来看，可编程控制器和其他工业控制计算机组网构成大型的控制系统是可编程控制器技术的发展方向。目前的计算机集散控制系统 DCS（Distributed Control System）中已有大量的可编程控制器应用。伴随着计算机网络的发展，可编程控制器作为自动化控制网络和国际通用网络的重要组成部分，将在工业及工业以外的众多领域发挥越来越大的作用。

1.2 PLC 的特点、应用与分类

1.2.1 PLC 的特点

PLC 之所以能成为当今增长速度最快的工业自动控制设备，是由于它具备了许多独特的优点，较好地解决了工业控制领域普遍关心的可靠、安全、灵活、方便、经济等问题。PLC 主要特点如下。

1. 可靠性高，抗干扰能力强

可靠性高、抗干扰能力强是 PLC 最重要的特点之一。由于工业生产过程往往是连续的，工业现场环境恶劣，各种电磁干扰特别严重，因此 PLC 采用了一系列的硬件和软件的抗干扰措施，使得 PLC 的平均无故障时间可达几十万个小时。

（1）硬件方面。

I/O 通道采用光电隔离，有效地抑制了外部干扰源对 PLC 的影响；对供电电源及线路采用多种形式的滤波，从而消除或抑制了高频干扰；对 CPU 等重要部件采用良好的导电、导磁材料进行屏蔽，以减少空间电磁干扰；对有些模块设置了联锁保护、自诊断电路等。

（2）软件方面。

PLC 采用扫描工作方式，减少了由于外界环境干扰引起故障；在 PLC 系统程序中设有故障检测和自诊断程序，能对系统硬件电路等故障实现检测和判断；当由外界干扰引起故障时，能立即将当前重要信息加以封存，禁止任何不稳定的读写操作，一旦外界环境正常后，便可恢复到故障发生前的状态，继续原来的工作。

2. 编程简单易学

PLC 的编程大多采用类似于继电器控制线路的梯形图形式，对使用者来说，不需要具备计算机的专门知识，因此很容易被一般工程技术人员所理解和掌握。

3. 配套齐全，功能完善，适用性强

PLC 发展到今天，已经形成了大、中、小各种规模的系列化产品。可以用于各种规模

的工业控制场合。除了逻辑处理功能以外，现代 PLC 大多具有完善的数据运算能力，可用于各种数字控制领域。近年来 PLC 的功能单元大量涌现，使 PLC 渗透到了位置控制、温度控制、CNC 等各种工业控制中。加上 PLC 通信能力的增强及人机界面技术的发展，使用 PLC 组成各种控制系统变得非常容易。

4．控制系统的设计、安装工作量小，维护方便，容易改造

PLC 用存储逻辑代替接线逻辑，大大减少了控制设备外部的接线，使控制系统设计及安装的周期大为缩短，同时维护也变得容易起来。更重要的是使同一设备经过改变程序改变生产过程成为可能。这很适合多品种、小批量的生产场合。

5．体积小，重量轻，能耗低

以超小型 PLC 为例，新近出产的品种底部尺寸小于 100mm，重量小于 150g，功耗仅数瓦。由于体积小很容易装入机械内部，是实现机电一体化的理想控制设备。

1.2.2　PLC 的应用

目前，PLC 已广泛应用于钢铁、采矿、水泥、石油、化工、电力、机械制造、汽车、装卸、造纸、纺织、环保等行业。其应用范围大致可归纳为以下几种。

1．逻辑控制

逻辑控制是 PLC 最基本、最广泛的应用领域。它取代传统的继电器控制系统，实现逻辑控制、顺序控制，如机床电气控制、各种电动机的控制等。PLC 的逻辑控制功能非常完善，可用于单机控制，也可用于多机群控和自动生产线的控制等，其应用领域已经遍及各行各业。

2．运动控制

PLC 使用专用的运动控制模块，可以对直线运动、圆周运动的位置、速度和加速度进行控制，实现步进电机或伺服电机的单轴或多轴位置控制，使顺序控制和运动控制有机地结合。PLC 的运动控制可以用于机床、机器人、电梯等机械设备的自动控制。

3．闭环过程控制

过程控制是指对温度、压力、流量等模拟量的闭环控制。PLC 通过模拟量的 I/O 模块实现模拟量与数字量的 A/D、D/A 转换，可实现对温度、压力、流量等连续变化的模拟量的 PID 控制。现代的大中型 PLC 一般都具有 PID 控制功能，可以利用 PID 子程序或专用的 PID 模块来实现，可用于锅炉、化学反应装置、输油系统等设备自动控制。

4．数据处理

现代的 PLC 具有数学运算（包括矩阵运算、函数运算、逻辑运算），数据传递、排序和查表、位操作等功能；可以完成数据的采集、分析和处理。数据处理一般用在大中型控制系统中，如机械、造纸、冶金、化工行业中的柔性制造系统或过程系统。

5．通信联网

PLC 的通信包括 PLC 与 PLC 之间、PLC 与上位计算机之间和它的智能设备之间的通信。PLC 和计算机之间具有 RS-232 接口，用双绞线、同轴电缆将它们连成网络，以实现信息的交换。还可以构成"集中管理，分散控制"的分布控制系统。I/O 模块按功能各自放置在生产现场分散控制，然后利用网络联结构成集中管理信息的分布式网络系统。

不过并不是所有的 PLC 都具有上述的全部功能，有的小型 PLC 只具上述部分功能，但价格比较便宜。

1.2.3 PLC 的分类

目前，PLC 的种类很多，性能和规格都有很大差别。对于 PLC 通常根据它的结构形式、控制规模和功能来进行分类。

1．按结构形式分类

根据结构形式的不同 PLC 可分为整体式和模块式两种，如图 1-1 所示。

（1）整体式 PLC。

这种结构的 PLC 将各组成部分（I/O 接口电路、CPU、存储器等）安装在一块或少数几块印刷电路板上，并连同电源一起装在机壳内，通常称为主机。其输入、输出接线端子及电源进线分别在机箱的上、下两侧，并有相应的发光二极管指示输入/输出的状态。面板上通常有编程器的插座、扩展单元的接口插座等。其特点是结构紧凑、体积小、重量轻、价格较低。通常小型或超小型 PLC 常采用这种结构，适用于简单控制的场合。如西门子的 S7-200 系列产品、松下电工的 FP1 型产品、OMRON 公司的 CPM1A 型产品、三菱公司的 FX 系列产品。

（2）模块式 PLC。

模块式 PLC 也称为积木式，PLC 的各个组成部分以模块的形式存在，如电源模块、CPU 模块、输入/输出模块等等，通常把这些模块插在底板上，安装在机架上。这种 PLC 具有装配方便、配置灵活、便于扩展、结构复杂、价格较高等特点。大型的 PLC 通常采用这种结构，一般用于比较复杂的控制场合。此类 PLC 如西门子公司的 S7-300、S7-400 的 PLC，OMRON 公司的 C200H、C2000H 系列产品、三菱公司的 QnA/AnA 等系列产品。

（a）整体式　　　　　　　　　　　　　　　　　（b）模块式

图 1-1 PLC 按结构形式分类

2．按控制规模分类

（1）小型 PLC。

小型 PLC 的 I/O 点数一般在 128 点以下，其中 I/O 点数小于 64 点的为超小型或微型 PLC。其特点是体积小、结构紧凑，整个硬件融为一体，除了开关量 I/O 以外，还可以连接模拟量 I/O，以及其他各种特殊功能模块。它能执行包括逻辑运算、计时、计数、算术运算、数据处理和传送、通信联网，以及各种应用指令。

（2）中型 PLC。

中型 PLC 采用模块化结构，其 I/O 点数一般为 256～2048 点。I/O 的处理方式除了采用一般 PLC 通用的扫描处理方式外，还能采用直接处理方式，即在扫描用户程序的过程中，直接读输入，刷新输出。它能连接各种特殊功能模块，通信联网功能更强，指令系统更丰富，内存容量更大，扫描速度更快。

（3）大型 PLC。

一般 I/O 点数在 2048 点以上的称为大型 PLC。大型 PLC 的软、硬件功能极强。具有极强的自诊断功能。通信联网功能强，有各种通信联网的模块，可以构成三级通信网，实现工厂生产管理自动化。I/O 点数超过 8192 点的为超大型 PLC。

1.3　PLC 的组成、原理及性能指标

1.3.1　PLC 的基本组成

PLC 是一种工业控制用的专用计算机，它的实际组成与一般微型计算机系统基本相同，也是由硬件系统和软件系统两大部分组成。PLC 是专为工业环境厂应用而设计的，为便于接线、扩充功能，便于操作与维护，以及提高系统的抗干扰能力，其组成又与一般计算机有所区别。

1．PLC 的硬件组成

PLC 从结构上可分为整体式和模块式两种，但其内部组成基本相似。PLC 的硬件系统由 CPU 模块（主机系统）、输入/输出（I/O）扩展环节及外部设备组成。其中 CPU 模块主要包括 CPU、存储器、输入/输出（I/O）接口、电源等，如图 1-2 所示。

（1）CPU。

CPU 是 PLC 的核心部分，它包括微处理器和控制接口电路。微处理器是 PLC 的运算控制中心，由它实现逻辑运算，协调控制系统内部各部分的工作。它的运行是按照系统程序所赋予的任务进行的。PLC 在 CPU 的控制下使整机有条不紊地协调工作，实现对现场各个设备的控制。

在 PLC 中 CPU 主要完成下列工作：PLC 本身的自检，以扫描方式接收来自输入单元的数据和状态信息，并存入相应的数据存储区；执行监控程序和用户程序，进行数据和信息处理；输出控制信号，完成用户指令规定的各种操作；响应外部设备（如编程器、可编程终端）的请求。

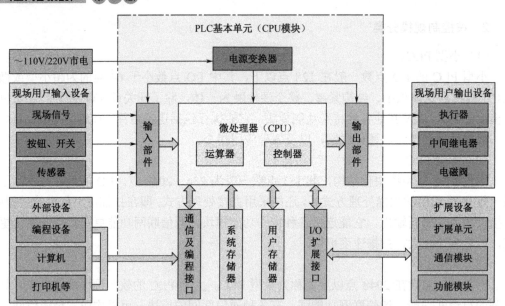

（a）整体式 PLC 组成

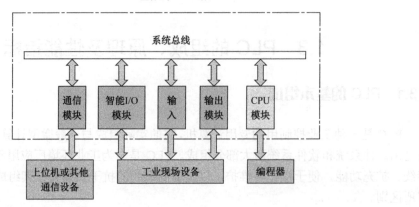

（b）模块式 PLC 组成

图 1-2　PLC 系统结构

（2）存储器。

PLC 中的存储器主要用于存放系统程序、用户程序和工作状态数据。常用的存储器主要有 PROM、EPROM、EEPROM、RAM 等几种，多数都直接集成在 CPU 单元内部。根据 PLC 的工作原理，其存储空间一般包括系统程序存储区、系统 RAM 存储区、用户程序存储区三个区域。

系统程序存储区中存放着相当于计算机操作系统的系统程序。它包括监控程序、管理程序、命令解释程序、功能子程序、系统诊断程序等。由制造厂商将其固化在 EPROM 中，用户不能够直接存取。它和硬件一起决定了该 PLC 的各项性能。

系统 RAM 存储区也称工作数据存储器，指 PLC 在工作过程中经常变化、需要经常存取的数据，例如：参数测量结果、运算结果、设定值等，这部分数据一般存放在 RAM 之中。在工作数据区中开辟有元件映像寄存器和数据表，包括 I/O 映像区及各类系统软设备存储区（例如：逻辑线圈、数据寄存器、计时器、计数器、变址寄存器、累加器等）。

用户程序存储区存放用户程序，即用户通过编程器输入的用户程序。

（3）输入/输出接口模块。

PLC 主要是通过各类接口模块的外接线，实现对工业设备和生产过程的检测与控制。为了使 PLC 有很好的信号适应能力和抗干扰性能，在输入/输出接口模块单元中，一般均配有电子变换、光耦合器和阻容滤波等电路，以实现外部现场的各种信号与系统内部统一信号的匹配和信号的正确传递。并在接口上通常还有状态指示，工作状况直观，便于维护。

PLC 提供了多种操作电平和驱动能力的 I/O 接口，有各种各样功能的 I/O 接口供用户选用，主要类型有 I/O 分为开关量输入（DI），开关量输出（DO），模拟量输入（AI），模拟量输出（AO）等模块。

① 输入接口模块。

输入接口模块可以用来接收和采集现场的信号。现场的信号一种是指由按钮开关、选择开关、数字拨码开关、限位开关、接近开关、光电开关、压力继电器或速度继电器等提供的开关量输入信号；另一种是指由电位器、热电偶、测速发电机或各种变送器等提供的连续变化的模拟信号。

常用的开关量输入接口按其使用的电源不同有三种类型：直流输入接口、交流输入接口和交/直流输入接口，如图 1-3 所示，当外部某个开关闭合后，就会有相应的发光二极管（LED）点亮。

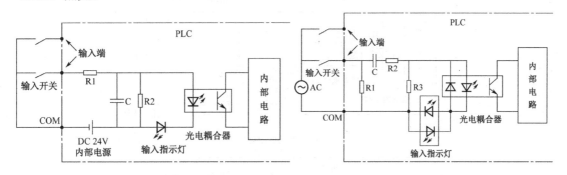

（a）直流输入接口　　　　　　　　　　（b）交流输入接口

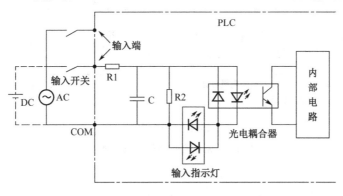

（c）交/直流输入接口

图 1-3　常用开关量输入接口类型

② 输出接口模块。

输出接口模块用来连接被控对象中各种执行元件，如接触器、电磁阀、指示灯、调节阀（模拟量）、调速装置（模拟量）等。它的作用是把 PLC 的内部信号转换成现场执行机构的各种开关信号或模拟信号。

常用的开关量输出接口模块按输出开关器件不同有三种类型：是继电器输出接口、晶体管输出接口和双向晶闸管输出接口，其基本原理电路如图 1-4 所示。继电器输出接口可驱动交流或直流负载，但其响应时间长，动作频率低；而晶体管输出和双向晶闸管输出接口的响应速度快，动作频率高，但前者只能用于驱动直流负载，后者只能用于交流负载。

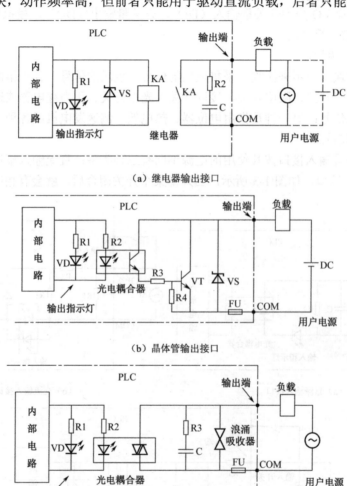

（a）继电器输出接口

（b）晶体管输出接口

（c）晶闸管输出接口

图 1-4 常用开关量输出接口类型

（4）电源。

PLC 一般使用 220V 的交流电源。内部的开关电源为 PLC 的中央处理器、存储器等电路提供 5V、12V、24V 等直流电源，使 PLC 能正常工作。对于整体式 PLC 的电源通常和其他模块封装在一起；对于模块式 PLC 有的将电源与 CPU 封装到一个模块中，有的采用单独电源模块。

（5）I/O 扩展接口。

I/O 扩展接口是 PLC 主机为了扩展输入/输出点数和类型的部件，输入/输出扩展单元、远程输入/输出扩展单元、智能输入/输出单元等都通过它与主机相连。I/O 扩展接口有并行接口、串行接口等多种形式。

（6）外设 I/O 接口。

外设 I/O 接口是 PLC 主机实现人机对话、机机对话的通道。通过它，PLC 可以和编程器、彩色图形显示器、打印机等外部设备相连，也可以与其他 PLC 或上位计算机连接。外设 I/O 接口一般是 RS232C 或 RS422A 串行通信接口，该接口的功能是进行串行/并行数据的转换，通信格式的识别，数据传输的出错检验，信号电平的转换等。对于一些小型 PLC，外设 I/O 接口中还有与专用编程器连接的并行数据接口。

（7）编程器其他外设。

编程器是编制、调试 PLC 用户程序的外部设备，是人机交互的窗口。通过编程器可以把新的用户程序输入到 PLC 的 RAM 中，或者对 RAM 中已有程序进行编辑。通过编程器还可以对 PLC 的工作状态进行监视和跟踪。

编程器分为简易型和智能型两类。简易型的编程器只能联机编程，且往往需要将梯形图转化为机器语言助记符（指令表）后才能输入，它一般由简易键盘和发光二极管或其他显示器件组成。智能型的编程器又称图形编程器，它可以联机编程，也可以脱机编程，具有 LCD 或 CRT 图形显示功能，可以直接输入梯形图和通过屏幕进行人机对话。

除了上述专用的编程器外，还可以利用微机（如 IBM-PC），配上 PLC 生产厂家提供的相应的软件包来作为编程器，这种编程方式已成为 PLC 发展的趋势。现在，有些 PLC 不再提供编程器，而只提供微机编程软件，并且配有相应的通信连接电缆。

PLC 还可以配置其他外部设备，例如，配置存储器卡、盒式磁带机或磁盘驱动器，用于存储用户的应用程序和数据；配置 EPROM 写入器，用于将程序写入到 EPROM 中。配置打印机等外部设备，用以打印记录过程参数、系统参数及报警事故记录表等。

2．PLC 的软件组成

软件系统是 PLC 的重要组成部分，它和硬件相辅相成，缺一不可，共同构成 PLC。PLC 的软件系统由系统程序（又称系统软件）和用户程序（又称应用软件）两大部分组成。

（1）系统程序。

系统程序由 PLC 的制造商编制，固化在 PROM 或 EPROM 中，安装在 PLC 上，随产品提供给用户。系统程序包括系统管理程序、用户指令解释程序和供系统调用的标准程序模块等。

（2）用户程序。

用户程序是根据生产过程控制的要求由用户使用制造企业提供的编程语言自行编制的应用程序。用户程序包括开关量逻辑控制程序、模拟量运算程序、闭环控制程序和操作站系统应用程序等。

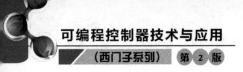
1.3.2 PLC 的工作原理

1. PLC 的扫描工作方式

当 PLC 运行时，是通过执行反映控制要求的用户程序来完成控制任务的，需要执行众多的操作，但 CPU 不可能同时去执行多个操作，它只能按分时操作（串行工作）方式，每一次执行一个操作，按顺序逐个执行。由于 CPU 的运算处理速度很快，所以从宏观上来看，PLC 外部出现的结果似乎是同时（并行）完成的。这种串行工作过程称为 PLC 的扫描工作方式。

扫描工作方式在执行用户程序时，是从第一条程序开始，在无中断或跳转控制的情况下，按程序存储顺序的先后，逐条执行用户程序，直到程序结束。然后再从头开始扫描执行，周而复始重复运行。

PLC 控制系统的工作与继电器控制系统的工作原理明显不同。继电器控制装置采用硬逻辑的并行工作方式，如果某个继电器的线圈通电或断电，那么该继电器的所有常开和常闭触点不论处在控制线路的哪个位置上，都会立即同时动作；而 PLC 采用扫描工作方式（串行工作方式），如果某个软继电器的线圈被接通或断开，其所有的触点不会立即动作，必须等扫描到该指令时才会动作。但由于 PLC 的扫描速度快，通常 PLC 与继电器控制装置在 I/O 的处理效果上并没有多大差别。

2. PLC 扫描工作过程

PLC 的扫描工作过程中除了执行用户程序外，在每次扫描工作过程中还要完成内部处理、通信服务工作。如图 1-5 所示，整个扫描工作过程包括内部处理、通信服务、输入采样、程序执行、输出刷新五个阶段。整个过程扫描执行一遍所需的时间称为扫描周期。扫描周期与 CPU 运行速度、PLC 硬件配置及用户程序长短有关，典型值为 1~100ms。

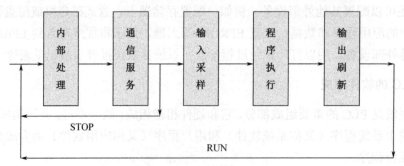

图 1-5 PLC 的扫描过程

在内部处理阶段，PLC 进行自检，检查内部硬件是否正常，对监视定时器（WDT）复位，以及完成其他一些内部处理工作。

在通信服务阶段，PLC 与其他智能装置实现通信，响应编程器键入的命令，更新编程器的显示内容等。

当 PLC 处于停止（STOP）状态时，只完成内部处理和通信服务工作。当 PLC 处于运行（RUN）状态时，除完成内部处理和通信服务工作外，还要完成输入采样、程序执行、输出刷新工作。

PLC 的扫描工作方式简单直观，便于程序的设计，并为可靠运行提供了保障。当 PLC 扫描到的指令被执行后，其结果马上就被后面将要扫描到的指令所利用，而且还可通过 CPU 内部设置的监视定时器来监视每次扫描是否超过规定时间，避免由于 CPU 内部故障使程序执行进入死循环。

3. PLC 执行程序的过程

PLC 执行程序的过程分为三个阶段，即输入采样阶段、程序执行阶段、输出刷新阶段，如图 1-6 所示。

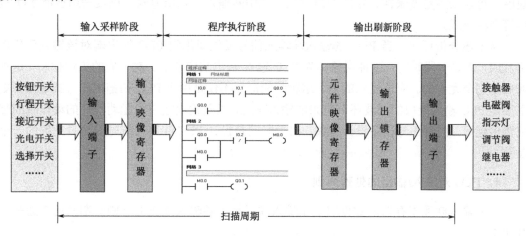

图 1-6　PLC 执行程序的过程

（1）输入采样阶段。

在输入采样阶段，PLC 以扫描工作方式按顺序对所有输入端的输入状态进行采样，并存入输入映像寄存器中，此时输入映像寄存器被刷新。接着进入程序处理阶段，在程序执行阶段或其他阶段，即使输入状态发生变化，输入映像寄存器的内容也不会改变，输入状态的变化只有在下一个扫描周期的输入处理阶段才能被采样到。

（2）程序执行阶段。

在程序执行阶段，PLC 对程序按顺序进行扫描执行。若程序用梯形图来表示，则总是按先上后下，先左后右的顺序进行。当遇到程序跳转指令时，则根据跳转条件是否满足来决定程序是否跳转。当指令中涉及到输入、输出状态时，PLC 从输入映像寄存器和元件映像寄存器中读出，根据用户程序进行运算，运算的结果再存入元件映像寄存器中。对于元件映像寄存器来说，其内容会随程序执行的过程而变化。

（3）输出刷新阶段。

当所有程序执行完毕后，进入输出处理阶段。在这一阶段里，PLC 将输出映像寄存器中与输出有关的状态（输出继电器状态）转存到输出锁存器中，并通过一定方式输出，驱动外部负载。

因此，PLC 在一个扫描周期内，对输入状态的采样只在输入采样阶段进行。当 PLC 进入程序执行阶段后输入端将被封锁，直到下一个扫描周期的输入采样阶段才对输入状态进行重新采样。这方式称为集中采样，即在一个扫描周期内，集中一段时间对输入状态进行

采样。

在用户程序中如果对输出结果多次赋值，则最后一次有效。在一个扫描周期内，只在输出刷新阶段才将输出状态从输出映像寄存器中输出，对输出接口进行刷新。在其他阶段里输出状态一直保存在输出映像寄存器中。这种方式称为集中输出。

对于小型 PLC，其 I/O 点数较少，用户程序较短，一般采用集中采样、集中输出、循环扫描的工作方式，虽然在一定程度上降低了系统的响应速度，但使 PLC 工作时大多数时间与外部输入/输出设备隔离，从根本上提高了系统的抗干扰能力，增强了系统的可靠性。

而对于大中型 PLC，其 I/O 点数较多，控制功能强，用户程序较长，为提高系统响应速度，可以采用定期采样、定期输出方式，或中断输入、输出方式，以及采用智能 I/O 接口等多种方式。

从上述分析可知，当 PLC 的输入端输入信号发生变化到 PLC 输出端对该输入变化作出反应，需要一段时间，这种现象称为 PLC 输入/输出响应滞后。对一般的工业控制，这种滞后是完全允许的。应该注意的是，这种响应滞后不仅是由于 PLC 扫描工作方式造成，更主要是 PLC 输入接口的滤波环节带来的输入延迟，以及输出接口中驱动器件的动作时间带来输出延迟，同时还与程序设计有关。滞后时间是设计 PLC 应用系统时应注意把握的一个参数。

4．PLC 对输入/输出的处理原则

（1）输入映像寄存器的数据取决于输入端子板上各输入点在上一刷新期间的接通和断开状态。

（2）程序执行结果取决于用户所编程序和输入/输出映像寄存器的内容及其他各元件映像寄存器的内容。

（3）输出映像寄存器的数据取决于输出指令的执行结果。

（4）输出锁存器中的数据，由上一次输出刷新期间输出映像寄存器中的数据决定。

（5）输出端子的接通和断开状态，由输出锁存器决定。

1.3.3 PLC 主要性能指标

1．I/O 点数

输入/输出（I/O）点数是 PLC 可以接受的输入信号和输出信号的总和，是衡量 PLC 性能的重要指标。I/O 点数越多，外部可接的输入设备和输出设备就越多，控制规模就越大。

2．存储容量

存储容量是指用户程序存储器的容量。用户程序存储器的容量大，可以编制出复杂的程序。一般来说，小型 PLC 的用户存储器容量为几千字，而大型机的用户存储器容量为几万字。

3．扫描速度

扫描速度是指 PLC 执行用户程序的速度，是衡量 PLC 性能的重要指标。一般以扫描

1K 字用户程序所需的时间来衡量扫描速度，通常以 μs/K 字为单位。PLC 用户手册一般给出执行各条指令所用的时间，可以通过比较各种 PLC 执行相同的操作所用的时间，来衡量扫描速度的快慢。

4．指令的功能与数量

指令功能的强弱、数量的多少也是衡量 PLC 性能的重要指标。编程指令的功能越强、数量越多，PLC 的处理能力和控制能力也越强，用户编程也越简单和方便，越容易完成复杂的控制任务。

5．内部元件的种类与数量

在编制 PLC 程序时，需要用到大量的内部元件来存放变量、中间结果、保持数据、定时计数、模块设置和各种标志位等信息。这些元件的种类与数量越多，表示 PLC 的存储和处理各种信息的能力越强。

6．特殊功能单元

特殊功能单元种类的多少与功能的强弱是衡量 PLC 产品的一个重要指标。近年来各 PLC 厂商非常重视特殊功能单元的开发，特殊功能单元种类日益增多，功能越来越强，使 PLC 的控制功能日益扩大

7．可扩展能力

PLC 的可扩展能力包括 I/O 点数的扩展、存储容量的扩展、联网功能的扩展、各种功能模块的扩展等。在选择 PLC 时，经常需要考虑 PLC 的可扩展能力。

1.4　PLC 与其他控制系统的比较

1.4.1　PLC 与继电器控制系统的比较

PLC 最初是为了取代继电器控制系统而出现的一种新型的工业控制装置，与继电器控制系统相比，有许多相似之处，也有许多不同。主要体现在以下几个方面。

1．组成的器件

继电器控制线路是由许多实际的继电器组成，俗称硬继电器。而 PLC 控制系统由许多"软继电器"组成，系统连线少、体积小、功耗小，而且 PLC 所谓"软继电器"实质上是存储器单元的状态，是通过存储器置 1，或置 0，实现其用户控制功能。

2．触点的数量。

实际的继电器的触点数较少，一般只有 4～8 对。而 PLC 中触发器的状态可以取用任意次，软继电器的触点数为无限对。

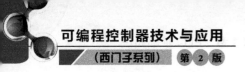

3．控制方法

继电器控制系统采用硬件接线，利用继电器机械触点的串联或并联等组合成控制逻辑，功能专一，缺乏灵活性，体积庞大，安装维修不方便。而 PLC 采用了计算机技术，其控制逻辑是以程序的方式存放在存储器中，要改变控制逻辑只需改变程序，因而很容易改变或增加系统功能。

4．工作方式

继电器控制电路中，当电源接通时，电路中所有继电器都处于受制约状态，即该吸合的继电器都同时吸合，不该吸合的继电器受某种条件限制而不能吸合，为并行工作方式。而 PLC 的用户程序是按一定顺序循环执行，各软继电器都处于周期性循环扫描接通中，受同一条件制约的各个继电器的动作次序决定于程序扫描顺序，为串行工作方式。

5．控制速度

继电器控制系统依靠机械触点的动作以实现控制，工作频率低，机械触点还会出现抖动问题。而 PLC 通过程序指令控制半导体电路来实现控制，速度快，程序指令执行时间在微秒级，且不会出现触点抖动问题。

6．定时和计数控制

继电器控制系统采用时间继电器的延时动作进行时间控制，时间继电器的延时时间易受环境湿度和温度变化的影响，定时精度不高。而 PLC 采用半导体集成电路作定时器，时钟脉冲由晶体振荡器产生，精度高，定时范围宽，用户可根据需要，在程序中设定定时值，修改方便，不受环境的影响，且 PLC 具有计数功能，而电器控制系统一般不具备计数功能。

7．可靠性和可维护性

由于继电器控制系统使用了大量的机械触点，其存在机械磨损、电弧烧伤等，寿命短，系统的连线多，所以可靠性和可维护性较差。而 PLC 大量的开关动作由无触点的半导体电路来完成，其寿命长、可靠性高，PLC 还具有自诊断功能，能查出自身的故障，随时显示给操作人员，并能动态地监视控制程序的执行情况，为现场调试和维护提供了方便。

1.4.2 PLC 与微型计算机的比较

1．应用范围

微型计算机除了用于控制领域外，其主要是用于科学计算数据处理、计算机通信等方面。而 PLC 主要用于工业控制。

2．使用环境

微型计算机对环境要求较高．一般要在干扰小，具有一定温度和湿度要求的机房内使用。而 PLC 适用于工业现场环境。

3．输入和输出

微型计算机系统的 I/O 设备与主机之间采用弱电联系，一般不需要电气隔离。但外部控制信号需经 A/D、D/A 转换后方可与微型计算机相连。PLC 一般可控制强电设备，无需再做 A/D、D/A 转换接口，且 PLC 内部有光-电耦合电路进行电气隔离，输出采用继电器，晶闸管或大功率晶体管进行功率放大。

4．程序设计

微型计算机具有丰富的程序设计语言，要求使用者具有一定的计算机硬件和软件知识。PLC 有面向工程技术人员的梯形图语言和语句表，一些高级 PLC 也具有高级编程语言。

5．系统功能

微型计算机系统一般配有较强的系统软件，并有丰富的应用软件，而 PLC 的软件则相对简单。

6．运算速度和存储容量

微型计算机运算速度快，一般为微秒级，为适应大的系统软件和丰富的应用软件，其存储容量很大。PLC 因接口的响应速度慢而影响数据处理速度，PLC 的软件少，编程也短，内存容量小。

1.4.3　PLC 与单片机控制系统的比较

单片机具有结构简单、价格便宜、响应速度快和适应范围广等优点，通常用于工作环境较好的工业控制领域。PLC 与单片机相比有以下几点优势。

1．PLC 比单片机容易掌握

单片机控制系统的实现必须进行硬件电路的设计和使用专用的指令编程，要求设计人员有一定的计算机软硬件的知识，对于从事电气自动化控制的技术人员来说，需要学习相当一段时间才能很好地掌握。PLC 则是专门面向工业现场控制而设计的计算机应用系统，提供给用户使用的是直接面向被控设备的接线端子和电气工程技术人员熟悉的梯形图语言，用户无需了解其内部电路结构，因此用较短的时间就能很好地掌握 PLC。

2．PLC 使用比单片机更为简单

单片机用于工业现场控制时，必须考虑现场设备与主机之间的连接接口的扩展及输入输出信号的处理等问题，除了要设计控制程序之外，还要在外围做很多软件和硬件方面的工作，系统调试比较复杂。PLC 的输入/输出接口已经做好，直接可以和外部的电器进行连接，可以直接驱动一些负载。

3．PLC 系统比单片机系统工作可靠

单片机在工业控制中应用比较难解决的问题时抗干扰能力差，设计者需有一定的现场

控制和抗干扰处理的经验，否则单片机系统在工作中的可靠性就无法保证。PLC 则在软硬件上采取了各种抗干扰措施，用户在使用中无需考虑 PLC 本身的抗干扰能力，可以直接用于工业环境中。

本 章 小 结

本章主要介绍了 PLC 的发展、应用情况以及其基本组成和工作原理，并对 PLC 技术指标、主要产品，以及与其他控制系统的区别进行了详细的介绍。主要有以下几个方面。

（1）可编程控制器是一种通用新型工业自动化控制装置，在工业自动化控制领域得到了广泛的应用，被誉为现代工业生产自动化的三大支柱之一。

（2）PLC 的具有可靠性高、抗干扰能力强、编程简单易学、配套齐全、功能完善、适用性强、控制系统的设计和安装工作量小、维护方便、容易改造、体积小、重量轻、能耗低等特点。广泛应用于钢铁、采矿、水泥、石油、化工、电力、机械制造、汽车、装卸、造纸、纺织、环保等行业。

（3）PLC 的种类很多，性能和规格都有很大差别。通常根据 PLC 的结构形式、控制规模和功能来进行分类。按结构形式可分为整体式和模块式两种。按控制规模可分为小型 PLC 采用整体式，其 I/O 点数一般在 128 点以下；中型 PLC 采用模块化结构，其 I/O 点数一般在 256～2048 点之间；大型 PLC 一般 I/O 点数在 2048 点以上。按功能可分为低档、中档、高档 PLC。

（4）PLC 的硬件系统由 CPU 模块（主机系统）、输入/输出（I/O）扩展环节及外部设备组成。

（5）PLC 提供了多种操作电平和驱动能力的 I/O 接口，有各种功能的 I/O 接口供用户选用，主要类型有 I/O 分为开关量输入（DI），开关量输出（DO），模拟量输入（AI），模拟量输出（AO）等模块。常用的开关量输入接口按其使用的电源不同有三种类型：直流输入接口、交流输入接口和交/直流输入接口。常用的开关量输出接口模块按输出开关器件不同有三种类型：继电器输出接口、晶体管输出接口和双向晶闸管输出接口。

（6）一般小型 PLC 采用循环扫描的工作方式。程序执行的过程分为三个阶段，即输入采样阶段、程序执行阶段、输出刷新阶段。

（7）PLC 主要性能指标有 I/O 点数、存储容量、扫描速度、指令的功能与数量、内部元件的种类与数量、特殊功能单元、可扩展能力。PLC 产品主要有美国产品、欧洲产品、日本产品。

习题一

1. 简述可编程控制器的定义。
2. 可编程控制器有哪些主要特点？
3. 可编程控制器有哪几种类型？
4. 可编程控制器的基本组成有哪些？
5. PLC 的输入接口电路有哪几种形式？输出接口电路有哪几种形式？各有何特点？
6. PLC 的工作原理是什么？工作过程分哪几个阶段？
7. PLC 的工作方式有几种？如何改变 PLC 的工作方式？
8. 与一般的计算机控制系统相比可编程控制器有哪些优点？
9. 与继电器控制系统相比可编程控制器有哪些优点？

第 2 章

认识 S7-200 PLC

2.1 S7-200 系列 PLC 概述

2.1.1 初识 S7-200 CPU

S7-200 PLC 是一种紧凑型可编程控制器。整个系统的硬件架构主要由 CPU 模块和丰富的扩展模块组成。它可以满足各种设备的自动化控制的需求。S7-200 系列可编程控制器有 CPU21X 系列、CPU22X 系列，其中 CPU22X 型可编程控制器提供了 CPU221、CPU222、CPU224 和 CPU226 四种常见的基本型号。

1. S7-200 CPU 外形

S7-200 CPU 又称为 PLC 系统的主机或主单元，其外形如图 2-1 所示。它将一个微处理器、一个集成电源和数字量 I/O 点集成在一个紧凑的封装中，从而形成了一个功能强大的微型 PLC，在下载了程序之后，S7-200 将保留所需的逻辑，用于监控应用程序中的输入输出设备。

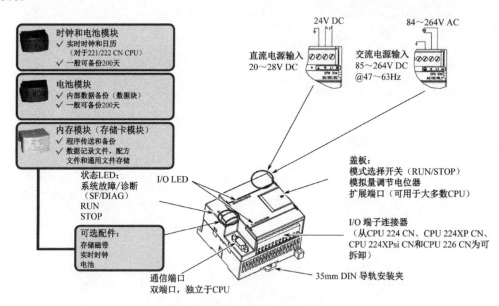

图 2-1 S7-200 CPU 外形图

在图 2-1 中,盖板下的工作模式选择开关用于选择 PLC 的 RUN、TERM 和 STOP 工作模式。PLC 的工作状态由状态 LED 显示,其中 SF/DIAG 状态 LED 亮表示为系统故障指示,RUN 状态 LED 亮表示系统处于运行工作模式,STOP 状态 LED 亮表示系统处于停止工作模式。

盖板下还有模拟电位器和扩展端口。S7-200 CPU221、222 有一个模拟电位器,S7-200 CPU224、CPU226 有两个模拟电位器 0 和 1,用小型旋具调节模拟电位器,可将 0～255 之间的数值分别存入特殊存储器字节 SMB28 和 SMB29 中。多在调试中使用,可以作为如定时器、计数器的预置值,过程量的控制参数。扩展端口通过扁平电缆连接 PLC 的各种扩展模块。

通信口用于 PLC 与个人计算机或手持编程器进行通信连接,S7-200 CPU221、CPU222、CPU224 只有一个 RS-485 通信口。S7-200 CPU 226 有两个 RS-485 通信口分别为 PORT0、PORT1。

各输入/输出点的状态由输入/输出状态 LED 显示,外部接线在输入/输出接线端子板上进行。

CPU 提供了一个可选卡插槽,可根据需要插入 EEPROM 卡、电池卡、时钟卡中的一种。

2. S7-200 CPU 技术指标

西门子 S7-200 PLC 提供多种类型的 CPU,以适应各种应用的要求。不同类型的 CPU 具有不同的数字量 I/O 点数和内存容量等技术参数。目前 S7-200 PLC 的 CPU 有:CPU221、CPU222、CPU224、CPU226 和 CPU226XM。

对于每种型号的 CPU 有直流 24V 和交流 120V～220V 两种供电方式,其型号中的 DC/DC/DC 表示 CPU 直流供电,直流数字量输入,数字量输出点是晶体管直流电路类型;AC/DC/Relay 表示 CPU 交流供电,直流数字量输入,数字量输出点是继电器触点类型。

S7-200 CPU 技术指标如表 2-1 所示。

表 2-1　S7-200 CPU 技术指标

特性		CPU221	CPU222	CPU224	CPU226	CPU226XM
外形尺寸（mm×mm×mm）		90×80×62	90×80×62	120.5×80×62	190×80×62	190×80×62
程序存储区/字节		4096	4096	8192	8192	16384
数据存储区/字节		2048	2048	5120	5120	10240
掉电保持时间/h		50	50	190	190	190
本机 I/O		6 入/4 出	8 入/6 出	14 入/10 出	24 入/16 出	24 入/16 出
扩展模块数量		0	2	7	7	7
高速计数器	单相/kHz	30（4 路）	30（4 路）	30（6 路）	30（6 路）	30（6 路）
	双相/ kHz	20（2 路）	20（2 路）	20（4 路）	20（4 路）	20（4 路）
脉冲输出（DC）/ kHz		20（2 路）	20（2 路）	20（2 路）	20（2 路）	20（2 路）
模拟电位器		1	1	2	2	2
实时时钟		配时钟卡	配时钟卡	内置	内置	内置
通信口		1RS-485	1RS-485	1RS-485	2RS-485	2RS-485

续表

特性	CPU221	CPU222	CPU224	CPU226	CPU226XM
浮点数运算	有				
布尔指令执行速度	0.37μs/指令				
最大数字量 I/O 映像区	128 点入、128 点出				
最大模拟量 I/O 映像区	32 点入、32 点出				
内部标志位（M 寄存器）	256 位				
掉电永久保存	112 位				
超级电容或电池保存	256 位				
定时器总数	256 个				
超级电容或电池保存	64 个				
1ms 定时器	4 个				
10ms 定时器	16 个				
100ms 定时器	236 个				
计数器总数	256 个				
超级电容或电池保存	256 个				
顺序控制继电器	256 个				
定时中断	2 个，1ms 分辨率				
硬件输入边沿中断	4 个				
可选滤波时间输入	7 个，0.2～12.8ms				

3. S7-200 CPU226 型 PLC 接线图

（1）基本输入端子及接线图。

CPU226 型 PLC 共有 24 个输入点（I0.0～I0.7、I1.0～I1.7、I2.0～I2.7），其接线图如图 2-2 所示，输入端子的编号采用八进制进行编号。其输入电路采用双向光耦合器，24V 直流极性可以任意选择，系统设置 1M 为输入端子（I0.0～I1.4）的公共端，2M 为输入端子（I1.5～I2.7）的公共端。

（2）基本输出端子及接线图。

CPU226 型 PLC 共有 16 个输出点（Q0.0～Q0.7、Q1.0～Q1.7）。CPU226 的输出电路有晶体管输出电路和继电器输出电路可供选择。

在晶体管输出电路中，PLC 由 24V 直流供电，负载采用了 MOSFET 功率驱动器件，所以只能用直流电源给负载供电。输出端将数字量输出分为两组，每组有一个公共端，共有 1L、2L 两个公共端，可以接入不同等级的负载电源，如图 2-2（a）所示。

在继电器输出电路中，PLC 由 220V 交流电源供电，负载采用了继电器驱动，所以既可以选用直流电源给负载供电，也可以用交流电源给负载供电。在继电器输出电路中，数字量输出分为 3 组，每组的公共端为本组的电源供给端，Q0.0～Q0.3 共用 1L，Q0.4～Q1.0 共用 2L，Q1.1～Q1.7 共用 3L，各组之间可以接入不同等级、不同性质的负载电源，如图 2-2（b）所示。

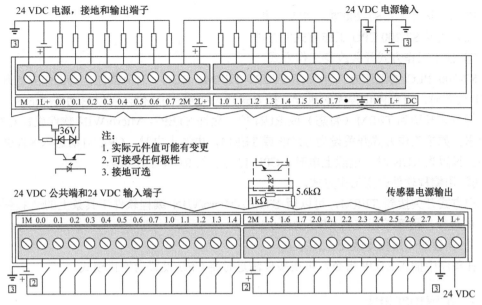

（a）CPU226 DC/DC/DC 端子接线图

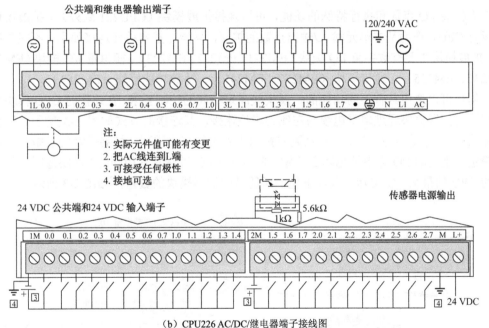

（b）CPU226 AC/DC/继电器端子接线图

图 2-2　基本输入、输出端子接线图

4．S7-200 CPU 的工作方式

（1）S7-200 CPU 的工作方式。

CPU 前面板上用发光二极管显示当前工作方式，绿色指示灯亮，表示为运行状态，红色指示灯亮，表示为停止状态，在标有 SF 指示灯亮时表示系统故障，PLC 停止工作。

STOP（停止）：S7-200 不执行程序，此时可以下载程序、数据和进行 CPU 系统设置。在程序编辑、上载、下载时必须把 CPU 置于 STOP 方式。

RUN（运行）：S7-200 执行用户的程序。

（2）改变 S7-200 CPU 工作方式的方法。

① 使用工作方式开关改变工作方式。

S7-200 PLC 的工作方式开关有 STOP、TERM、RUN 3 个档位。当工作方式开关在 STOP 位置时，可以停止程序的执行。把方式开关切到 RUN 位，可以启动程序的执行。

把方式开切到 TERM（暂态）或 RUN 位，允许 STEP7- Micro/WIN 软件设置 CPU 工作状态。如果工作方式开关设为 STOP 或 TERM，电源上电时，CPU 自动进入 STOP 工作状态。设置为 RUN 时，电源上电时，CPU 自动进入 RUN 工作状态。

② 用编程软件改变工作方式。

把方式开关拨到 TERM，可以用 STEP7-Micro/WIN 编程软件工具条上的 ▶ 按钮控制 CPU 的运行，用 ■ 按钮控制 CPU 的停止。

③ 在程序中用指令改变工作方式。

在程序中插入 STOP 指令，可在条件满足时将 CPU 设置为停止模式。

2.1.2 扩展功能模块

为扩展 I/O 点数和执行特殊的功能，可以连接扩展模块（CPU221 除外）。扩展模块通常没有 CPU，作为基本单元输入/输出点数的扩充，只能与基本单元连接使用，不能单独使用。扩展模块主要有数字量 I/O 模块（EM221、EM222、EM223）、模拟量 I/O 模块（EM231、EM232、EM235）、通信模块（EM277、EM241）、特殊功能模块（EM253）。

用户可以选用具有不同功能的扩展模块满足不同的控制要求，在连接时 CPU 模块放在最左边，扩展模块通过扁平电缆与左侧的模块连接，其连接的方式如图 2-3 所示。地址的分配从 CPU 开始算起，I/O 点从左到右按由小到大的规律排列，扩展模块的类型和位置一旦确定，则它的 I/O 点地址也随之决定。S7-200 CPU 虽然具有相同的 I/O 映像区，但是不同的 CPU 的最大 I/O 实际上取决于他们所能带的扩展模块的数量，如图 2-3 所示。

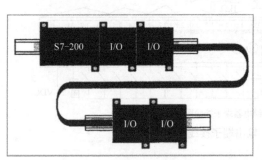
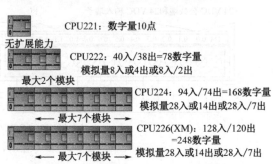

图 2-3　连接的方式和连接模块数量示意图

2.2　STEP7-Micro/WIN 编程软件简介

S7-200 PLC 使用 STEP7-Micro/WIN 编程软件进行编程。STEP7-Micro/WIN 编程软件

是基于 Windows 的应用软件，功能强大，为用户开发、编辑和监控自己的应用程序提供了良好的编程环境。

2.2.1　STEP7-Micro/WIN 编程软件的安装

1．安装运行环境

计算机配置要求 STEP7-Micro/WIN 既可以在 PC 机上运行，也可以在西门子公司的编程器（PG）上运行，当前最新版本为 V4.0 版。PC 机或编程器的最小配置如下：操作系统 Windows 2000、Windows XP、Vista、Windows 8，硬盘空间至少 350M。

2．必备的通信电缆

要对 S7-200 CPU 进行实际的编程和调试，需要在 PLC 与计算机之间建立通信连接，一般使用比较经济的 PC/PPI 电缆。常用的编程通信方式如下。

（1）PC/PPI 电缆（USB/PPI 电缆），连接 PG/PC 的 USB 端口和 CPU 通信口。

（2）PC/PPI 电缆（RS-232/PPI 电缆），连接 PG/PC 的串行通信端口（COM 口）和 CPU 通信口。

（3）CP（通信处理器）卡，安装在 PG/PC 上，通过 MPI 电缆或 PROFIBUS 电缆连接 CPU 通信口（其中 CP5611 卡配台式计算机，CP5511/5512 卡配笔记本电脑）。

3．软件的安装

STEP7-Micro/WIN V4.0 是用于 S7-200 PLC 的 32 位编程软件，V4.0 是该软件的大版本号，西门子公司还推出一系列 Service Pack（即 SP）进行小的升级，使用 SP 对软件升级可以获得新的功能。该软件一般向下兼容，即低版本软件编写的程序可以在高版本软件中打开，但反之不能。因此软件的安装分为 STEP 7-Micro/WIN 和升级包（SP）的安装。

（1）STEP7-Micro/WIN 的安装。

① 双击"setup.exe"文件，按照向导的安装提示即可完成软件的安装。

② 安装过程中，会出现"Set PG/PC Interface"（设置编程器/计算机接口）对话框。选择"PC/PPI Cable"，单击"OK"即可。该设置过程也可以在安装后设置。

③ 安装完成后，单击对话框上的"Finish"按钮重新启动计算机，完成安装。

④ 运行 STEP7-Micro/WIN 软件，看到的是英文界面。如果想切换为中文环境，执行菜单命令 Tools"→"Options"，点击出现的对话框左边的"General"图标，在"General"选项卡中，选择语言为"Chinese"，单击"OK"按钮后，软件将退出。退出后，再次启动该软件，界面和帮助文件均变为中文。

（2）升级包的安装。

从西门子公司的网站上可以下载 STEP7-MicroWIN 的升级包 SP。以安装 SP8 为例来介绍升级包安装过程。

安装前的准备工作：

① 安装 STEP7-Micro/WIN V4.0 SP 前，应在 PG 或 PC 上已安装并运行了更早的版本 STEP7-Micro/WIN V4.0。

② 下载 STEP7-MicroWIN V4.0 SP8 后，解压缩该文件。

③ 双击 STEP7-MicroWIN_V4.0_SP8.exe 文件开始安装。请按照安装过程中弹出的提示进行操作。

④ 在安装过程中会要求先卸载已安装的 STEP7-MicroWIN V4.0 软件，此时可暂时退出 SP 的安装，然后通过 Windows 控制面板卸载旧版本 STEP7-Micro/WIN V4.0。

⑤ 重新启动计算机，并找到 SP 安装包文件的文件夹。

⑥ 通过再次双击 STEP7-MicroWIN_V40_SP8.exe 文件，按照提示安装 STEP7-Micro/WIN V4.0 SP8 即可。

2.2.2 PLC 与计算机通信的建立和设置

1. PLC 与计算机的连接

将 PC/PPI 电缆 RS-232 或 USB 端连接到计算机的 COM 口或 USB 口上，RS-485 端连接到 S7-200 PLC 的通信口上（PORT0 或 PORT1）。如图 2-4 所示，PC/PPI 电缆中间有通信模块，可以通过拨 DIP 开关设置通信的波特率，系统默认值为 9.6kbps。

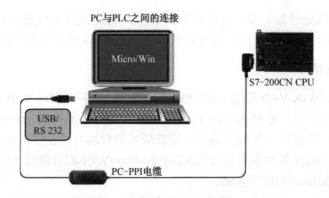

图 2-4　PLC 与计算机的连接

2. 通信参数的设置

为实现 PLC 与计算机的通信，需要完成下列设置：

（1）运行 STEP7-Micro/WIN 编程软件，在浏览条中的"查看"中单击"设置 PG/PC 接口"图标，出现"Set PC/PG Interface"对话框，如图 2-5 所示。

（2）在图 2-5 中"Set PC/PG Interface"对话框中的"Interface Parameter Assignment"栏中选择"PC/PPI cable（PPI）"选项，单击右侧"Properties"（属性）按钮，进入属性（Properties）对话框。

（3）在图 2-5 中"Properties"对话框中的"PPI"标签中，检查各参数是否正确，系统默认参数为站地址为 2，波特率为 9.6kbps。在"Local Connection"标签中，根据所用 PC/PPI 电缆类型设置连接的端口为 COM 或 USB。

（4）设置完成后，单击各对话框中的"OK"按钮完成设置。

注意以上设置若生效，需要把系统块下载到 PLC。

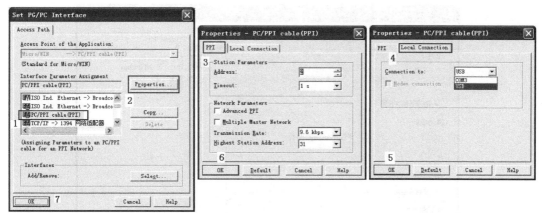

图 2-5 通信参数的设置

3．建立在线连接

建立与 S7-200 CPU 的在线连接，步骤如下：

（1）在浏览条中的"查看"中单击"通信"图标 ，出现一个"通信"对话框，显示是否连接了 CPU 主机。

（2）双击"通信"对话框中的 图标，编程软件将检查并显示所连接的所有 S7-200CPU 站，如图 2-6（a）所示。

（3）选中要进行通信的站，单击"确认"按钮，即可建立计算机与选中 PLC 之间的通信，如图 2-6（b）所示。

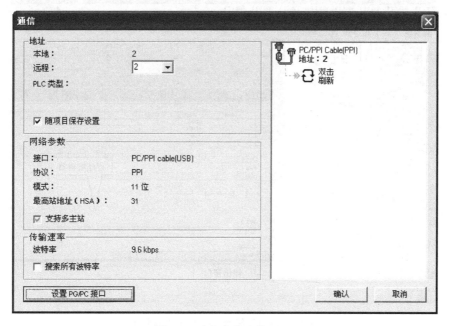

图 2-6 建立在线连接（a）

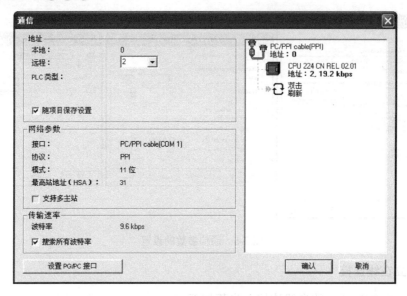

图 2-6　建立在线连接（b）

2.2.3　编程软件的基本使用方法

1．STEP7-Micro/WIN 编程软件窗口组件

STEP7-Micro/WIN 编程软件窗口组件，如图 2-7 所示。

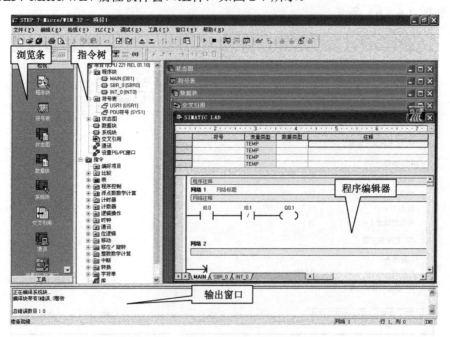

图 2-7　STEP7-Micro/WIN 编程软件窗口

在实际使用编程软件时由于浏览条功能与指令树功能重复，为获得较大的程序区，一般将浏览条或指令树关闭，方法如图 2-8 所示，单击"查看"→"框架"→"浏览条"或

"指令树"。

2. 项目及组件

STEP7-Micro/WIN 为每个实际的 S7-200 应用生成一个项目，项目以扩展名为.mwp 的文件格式保存。打开一个.mwp 文件就打开了相应的工程项目。一个项目包括程序块、数据块、系统块、符号表、状态表、交叉引用，如图 2-9 所示。其中程序块、数据块、系统块需下载到 PLC。S7-200 的程序组织方式为主程序、子程序和中断程序的组合。

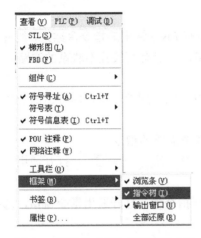

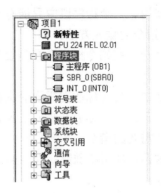

图 2-8   浏览条或指令树关闭的方法   图 2-9   项目组成

程序块由可执行代码和注解组成。可执行代码包含一个主程序（OB1）和任意子程序或中断程序。代码被编译并下载至 PLC；程序注解不被编译和下载。

符号表是允许程序员使用符号编址的一种工具。符号有时对程序员更加方便，程序逻辑更容易遵循。下载至 PLC 的编译程序将所有的符号转换为绝对地址，符号表信息不下载至 PLC。

状态表允许在执行程序时观察进程数值，如果受到影响，状态图不下载至 PLC；而仅是监控 PLC（或模拟 PLC）活动的一种工具。

数据块由数据（初始内存值；常量值）和注解组成。数据被编译并下载至 PLC，注解则不被编译或下载。

系统块由配置信息组成，如通信参数、保留数据范围，模拟和数字输入过滤程序，用于 STOP（停止）转换的输出值和密码信息。系统块信息被下载至 PLC。

交叉引用窗口可以检查表格，这些表格列举在程序中何处使用操作数，以及哪些内存区已经被指定（位用法和字节用法）。交叉引用及用法信息不下载至 PLC。也无法从 PLC 上载状态表、交叉引用或符号表信息。

在对 STEP7-Micro/WIN 项目进行修改后，必须将修改下载至 PLC 之后才会对程序产生影响。

3. 输入和编辑程序

（1）建立新项目。

双击 STEP7-Micro/WIN 图标，或从"开始"菜单选择"Simatic"→"STEP7 Micro/WIN"，

启动应用程序。会打开一个新 STEP7-Micro/WIN 项目。

（2）打开已有项目。

方法一："文件"菜单→"打开"，在打开对话框选择项目的路径和名称，单击"确定"按钮。

方法二：直接双击要打开的.mwp 文件。

方法三：如果最近在一项目中工作过，该项目在"文件"菜单下列出，可直接选择，不必使用"打开"对话框。

（3）输入程序。

在输入程序时每个网络从接点开始，以线圈或没有 ENO 输出的指令盒结束，线圈不允许串联使用。一个程序段中只能有一个"能流"通路，不能有两条互不联系的通路。

① 指令的输入方法。

方法一：在指令树中选择需要的指令，用鼠标将其拖放到编辑窗口内合适的位置再释放。

方法二：将光标放在需要的位置，在指令树中双击需要的指令。

方法三：将光标放在需要的位置，单击工具栏指令按钮┤├〈〉┐ 。打开通用指令窗口，选择需要的指令。

方法四：使用特殊键：F4=接点 、F6=线圈、F9=指令盒，打开通用指令窗口，选择需要的指令。

当编程元件出现在指定位置后，？？.？ 、？？？？ 上输入元件编号和操作数。当输入的地址或符号不合法时？？.？ 为红色，更正后红色消失。数值下面有红色波浪线说明输入的操作数超出范围或与指令的类型不匹配。

在梯形图中符号"--->>"表示开路或者需要能流连接； "--->|"表示指令输出能流，可以级联或串联；符号">>"表示可以使用能流。

可以从"程序"工具条 ↴ ↱ ← → 输入水平和垂直线，或按住键盘上的 CTRL 键并按左、右、上或下箭头键绘制。

② 注释的输入方法（如图 2-10 所示）。

● 项目组件注释。

在"网络 1"上方的灰色方框中单击，输入 POU 注释。单击"切换 POU 注释"按钮 在 POU 注释"打开"（可视）或"关闭"（隐藏）之间切换。

每条 POU 注释所允许使用的最大字符数为 4,098。POU 注释是供选用项目，可视时，始终位于 POU 顶端，并在第一个网络之前显示。

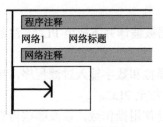

图 2-10 注释的输入

● 网络标题。

将光标放在网络标题行的任何位置，输入一个识别该逻辑网络的标题。网络标题中可允许使用的最大字符数为 127。

● 网络注释。

在"网络 1"下方的灰色方框中单击，输入网络注释。可以输入识别该逻辑网络的注释，并输入有关网络内容的说明。

可以单击"切换网络注释"按钮 在网络注释"打开"（可视）和"关闭"（隐藏）之间切换。网络注释中可允许使用的最大字符数为 4,096。

（4）程序编辑（如图 2-11 所示）。

● 剪切、复制、粘贴或删除多个网络。

通过拖曳鼠标或使用 Shift 键和 UP（向上）、DOWN（向下）箭头键，可以选择多个相邻的网络，进行剪切、复制、粘贴或删除等操作。注意不能选择部分网络。只能选择整个网络。

● 编辑单元格、指令、地址和网络。

用鼠标选中需要进行编辑的单元，单击右键，弹出快捷菜单，可以进行插入或删除行、列垂直或水平线的操作。删除垂直线时把方框放在垂直线左边单元上，删除时选"行"，或按"Del"键，进行插入编辑时，先将方框移至欲插入的位置，然后选择"列"。

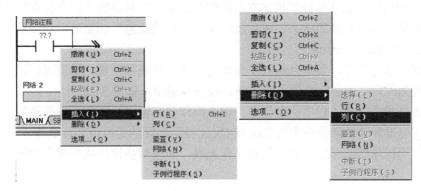

图 2-11 程序的编辑

（5）项目的保存。

使用工具条上的"保存"按钮 保存，或从"文件"菜单选择"保存"和"另存为"选项保存。

4．程序的编译

程序必须经过编译后，方可下载到 PLC，编译的方法如下：

方法一：单击"编译"按钮 或选择菜单命令"PLC"→"编译"，编译当前活动窗口中的程序块或数据块。

方法二：单击"全部编译"按钮 或选择菜单命令"PLC"→"全部编译"，编译全部项目元件，与哪一个窗口是否活动无关。

编译完成后会在输出窗口显示编译结果。

5．程序的下载和上载

（1）程序的下载。

如果已经成功建立计算机和 PLC 之间的通信，就可以将程序从计算机下载到该 PLC。步骤如下：

① 程序在被下载至 PLC 之前，PLC 应置于"停止"模式。

② 单击工具条中的"下载"按钮 ，或选择"文件"→"下载"，出现"下载"对

话框。

③ 单击"确定"，开始下载程序。如果下载成功，一个确认框会显示以下信息："下载成功。"

下载成功后，在 PLC 中运行程序之前，必须将 PLC 从 STOP（停止）模式转换回 RUN（运行）模式。单击工具条中的"运行"按钮 ▶，或选择"PLC"→"运行"，使 PLC 进入 RUN（运行）模式。

（2）上载。

上载是指将 PLC 中的项目元件上载到 STEP7-Micro/WIN 程序编辑器。方法是单击"上载"按钮 ▲。选择菜单命令"文件"→"上载"。按快捷键组合 Ctrl+U。

6．监视程序

PLC 处于运行方式并与计算机建立起通信后，单击工具条的"程序状态"按钮 ，可在梯形图中显示出各元件的状态。而且还可显示"强迫状态"的资料，允许从程序编辑器"强迫"或"非强迫"一个位。

在"程序状态"下，某一处触点变为深色，表示该触点接通，能流可以流过；某一处输出线圈变为深色，表示能流流入该线圈，线圈有输出，如图 2-12 所示。

对于方框指令，在"程序状态"下，输入操作数和输出操作数不再是地址，而是具体的数值，定时器和计数器指令中的 Txx 或 Cxxx 显示实际的定时值和计数值。

注意：当程序状态钮按下时，编辑操作无效，必须切换程序状态钮到关闭才能继续进行编辑。

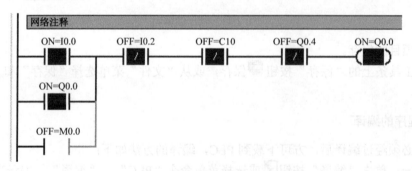

图 2-12　梯形图程序的状态监视

2.3　仿真软件的使用

仿真软件可以在不连接 PLC 的情况下，在仿真的环境中模拟 PLC 的工作状态，检验程序的正确性，但不能模拟 S7-200 的全部指令和全部功能。在互联网上用搜索工具搜索，可以找到 S7-200 仿真软件，利用仿真软件调试程序的方法如下。

2.3.1　导出 S7-200 的程序代码

由于仿真软件直接接收 S7-200 的程序代码，因此必须用 STEP7-Micro/WIN 编程软件的"导出"功能将 S7-200 的程序代码转换成 ASCII 文件，然后再载入到仿真 PLC 中，导出的默认文件扩展名为.awl。

　　具体操作如下：在 STEP7-Micro/WIN 中程序编好后，首先对程序进行编译，编译成功后，在菜单中选择"文件"→"导出"出现对话框，选择文件保存的路径，取好文件名单击"保存"按钮，保存导出的文件，如图 2-13 所示。

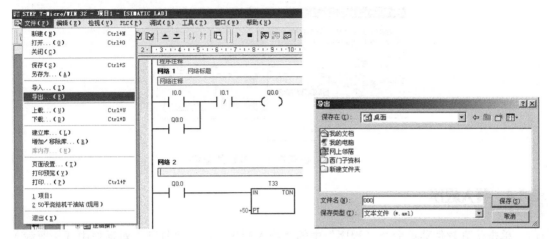

图 2-13　导出程序的过程

2.3.2　仿真软件的进入

　　仿真软件不需要安装，执行 S7-200.EXE 文件，就可以打开它。点击屏幕中间出现的窗口，在密码输入对话框中输入密码"6596"，单击"确定"按钮进入仿真软件，如图 2-14 所示。

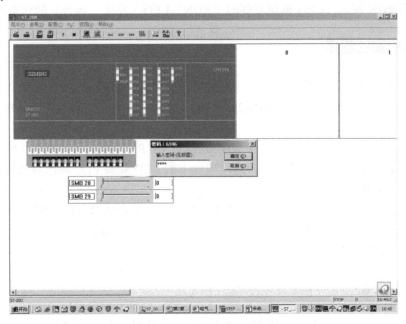

图 2-14　仿真软件界面

2.3.3　PLC 配置

执行仿真软件菜单命令"配置"→"CPU 型号"，在"CPU 型号"对话框中的下拉式列表框中选择 CPU 的型号，用户还可以修改 CPU 的网络地址，一般使用默认的地址，如图 2-15 所示。

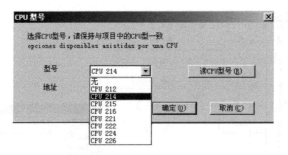

图 2-15　仿真软件中 PLC 的配置

2.3.4　载入程序

单击仿真软件菜单命令"程序"中的"载入程序"，在"打开"对话框中选择要载入的.awl 格式文件。载入成功后，程序的名称会显示在 CPU 模块上，同时会出现下载程序代码文本框，不必理会它将该文本框关闭即可。

如果仿真软件支持用户程序中的全部指令和功能，点击工具栏中的"运行"按钮，将从 STOP 模式切换到 RUN 模式，"RUN"LED 变为绿色，点击工具栏中的"停止"按钮，CPU 将切换到 STOP 模式。

如果用户程序中有仿真软件不支持的指令或功能，点击工具栏中的"运行"按钮后，不能切换到 RUN 模式，CPU 模块左侧的"RUN"LED（发光二极管）的状态不会变化.

2.3.5　仿真调试程序

CPU 模块下面是用于输入数字量信号的模拟开关板，与相应 CPU 的输入点对应。模拟开关板下面有两个模拟电位器 SMB28 和 SMB29，可以用电位器的滑动块来设置它们的值（0～255）。

与真正的 PLC 做实验相同，对于数字量控制，在 RUN 模式用切换各个模拟开关的通断状态，改变 PLC 输入变量的状态，通过模块上的 LED 观察 PLC 输出点的变化可以了解程序执行的结果是否正确。

点击模拟开关上部，可以使模拟开关的手柄向上，触点闭合，PLC 输入点对应的 LED 变为绿色，点击闭合的模拟开关下部，可以使小开关的手柄向下，触点断开，PLC 输入点对应的 LED 变为灰色。

2.3.6　监视变量

执行菜单命令"查看"→"内存监视"，在出现的对话框中可以监视 V、M、T、C 等内部变量的值。"开始"和"停止"按钮用来启动和停止监视，用二进制格式监视字节、字和双字，可以在一行中同时监视多个位变量，如图 2-16 所示。

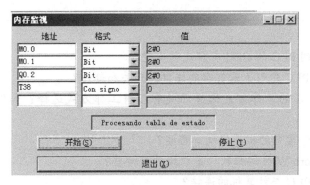

图 2-16　仿真软件中的变量监视

本 章 小 结

本章以 S7-200 PLC 为主要对象介绍了其基本结构及其编程软件的使用方法。

（1）S7-200 PLC 是一种紧凑型可编程控制器，常见的有 CPU221、CPU222、CPU224 和 CPU226 四种基本型号。

（2）从 PLC 外形上看工作模式选择开关用于选择 PLC 的 RUN、TERM 和 STOP 工作模式。PLC 的工作状态由状态 LED 显示，其中 SF/DIAG 状态 LED 亮表示为系统故障指示，RUN 状态 LED 亮表示系统处于运行工作模式，STOP 状态 LED 亮表示系统处于停止工作模式。此外还有模拟电位器和扩展端口，S7-200 CPU 221、CPU 222、CPU 224 只有一个 RS-485 通信口。S7-200 CPU 226 有两个 RS-485 通信口分别为 PORT0、PORT1。

（3）CPU226 型 PLC 共有 24 个输入点（I0.0～I0.7、I1.0～I1.7、I2.0～I2.7），系统设置 1M 为输入端子（I0.0～I1.4）的公共端，2M 为输入端子（I1.5～I2.7）的公共端。16 个输出点（Q0.0～Q0.7、Q1.0～Q1.7）。CPU226 的输出电路有晶体管输出电路和继电器输出电路可供选择。

（4）S7-200 CPU 工作方式改变有使用工作方式开关改变工作方式，工作方式开关有 STOP、TERM、RUN 3 个档位。用 STEP7-Micro/WIN 编程软件工具条上的运行按钮控制 CPU 的运行，用停止按钮控制 CPU 的停止。在程序中还可用 STOP 指令改变工作方式。

（5）S7-200 PLC 使用 STEP7-Micro/WIN 编程软件进行编程。在下载和上载程序前一定要保证计算机与 PLC 可靠地连接，并建立好通信。

（6）程序设计好后可以利用仿真软件，对所写的程序进行调试，这样可以在 PLC 设备缺乏时，调试程序。

习题二

1. S7-200 系列 PLC 的 CPU 有哪几种类型？

2. 从 S7-200 PLC 外形上看有哪些接口、开关和部件？

3. S7-200 PLC 的工作方式选择开关有几种工作方式选择？如何设定 PLC 的工作方式？

4. S7-200 PLC 常见的扩展模块有哪些？

5. STEP7-Micro/WIN 编程软件窗口组件有哪些？

6. 怎样建立 PLC 与计算机的连接？

7. 简述下载和上载程序的方法。

8. PLC 运行时如何监控程序的执行？

9. 简述仿真软件的使用方法。

第 3 章

PLC 程序设计基础

3.1 S7-200 PLC 编程语言和程序结构

3.1.1 S7-200 PLC 编程语言简介

大部分 PLC 产品提供相似的基本指令，但是不同厂商的 PLC 产品在它们的表示和操作上常常有小的差别。近年来，国际电工委员会（IEC）推出了一个有关 PLC 编程各个方面的一个全球标准。这个标准鼓励不同的 PLC 厂商向用户提供与 IEC 指令集的表示和操作一致的指令。

S7-200 提供两种指令集用于完成各种自动化任务。IEC 指令集符合 PLC 编程的 IEC 1131-3 标准，而 SIMATIC 指令集是专门为 S7-200 设计的，它通常执行时间短，而且可以用梯形图（LAD）、功能块图（FBD）、结构文本语言（STL）三种编程语言来编写。

1. 梯形图（LAD）

梯形图是目前使用最多的一种 PLC 编程语言，它的程序类似于继电器控制系统的电路图，很容易被工厂熟悉继电器控制的电气工作人员掌握，如图 3-1（a）所示。

（1）梯形图的组成。

梯形图由触点 ⊣⊢、线圈 ◯ 和用方框表示的指令盒 ☐ 组成。触点符号代表输入条件如外部开关，按钮及内部条件等。线圈表示输出结果，通过输出接口电路来控制外部的指示灯、接触器及内部的输出条件等。指令盒代表一些较复杂的功能。如定时器，计数器或数学运算指令等。

（2）网络。

梯形图程序按照逻辑关系可分成网络段，一个网络是按照顺序安排的以一个完整电路的形式连接在一起的触点、线圈和指令盒，不能短路或者开路，也不能有能流倒流的现象存在。在编程时可以很明显地看出程序的各段结构。为了阅读和调试的方便，可以在网络后面输入程序的标题和注释。

（3）能流/使能。

在分析和设计梯形图时，常借助继电器控制电路图的分析方法，把梯形图中的两条竖线看作电源线，假设左边竖线为直流电源的正极或交流电源的相线，右边的竖线为直流电源的负极或交流电源的零线。因此，在各条水平连线上，就可能出现自左向右的概念性"能流"。这些"能流"流经一个个触点，而这些触点能否让能流经过，取决于触点的闭合与断开。

梯形图有两种基本类型的输入/输出，一种是能量流，另一种是数据。在此使用能流的概念，对于功能型指令，EN 为能流输入，是布尔类型。如果与之相连的触点闭合，则能流可以流过该指令盒，执行这条指令；ENO 为能流输出，如果 EN 为 1，而且正确执行了本条指令，则 ENO 输出把能流传到下一个单元。否则指令运行错误，能流在此终止。

3．功能块图（FBD）

功能块图程序设计语言是采用逻辑门电路的编程语言，有数字电路基础的人很容易掌握。功能块图指令由输入、输出段及逻辑关系函数组成，如图 3-1（b）所示。

4．指令表（STL）

PLC 的指令是与汇编语言中的指令相似的助记符表达式，由指令组成的程序称为指令表程序，如图 3-1（c）所示。指令表程序较难阅读，其中的逻辑关系很难一眼看出，适合于有经验的程序员。如果使用手持式编程器，必须将梯形图转换成指令表后再写入 PLC。在用户程序存储器中，指令按步序号顺序排列。指令表有时可以解决用 LAD 或者 FBD 不容易解决的问题

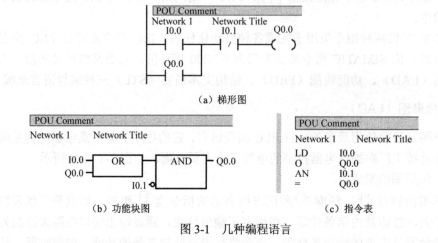

（a）梯形图

（b）功能块图　　　　　　　　　　　　（c）指令表

图 3-1　几种编程语言

3.1.2　S7-200 PLC 程序结构

S7-200 PLC 的一个程序块由可执行代码和注释组成。可执行代码由主程序和若干子程序或者中断服务程序组成，如图 3-2 所示。

图 3-2　S7-200PLC 程序结构

1．主程序（MAIN）

主程序中包括控制应用的指令。S7-200 在每一个扫描周期中顺序执行这些指令。主程

序也被表示为 OB1。

2．子程序（SBR）

子程序是应用程序中的可选组件。只有被主程序、中断程序或者其他子程序调用时，子程序才会执行。当希望重复执行某项功能时，子程序是非常有用的。调用子程序有如下优点：用子程序可以减小程序的长度；子程序只有在被调用情况下才会起作用，因而用子程序可以缩短程序扫描周期；用子程序创建的程序代码是可移植的。子程序可以达到 64 个，名称分别为 SBR0～SBR63。

3．中断程序（INT）

中断服务程序是应用程序中的可选组件。中断程序可以达到128个，名称分别为INT0～INT127。中断方式有输入中断、定时中断、高速计数中断、通信中断等中断事件引发，当CPU 响应中断时，可以执行中断程序。

3.2　S7-200 系列 PLC 内部元件及寻址方式

3.2.1　数值的表示方式

1．数值的类型和范围

S7-200 PLC 在存储单元可以存放的数据类型有布尔型（BOOL）、整数型（INT）和实数型（REAL）3 种。表 3-1 中给出不同长度的数据所能表示的数值范围。

表 3-1　不同长度的数据表示的十进制和十六进制数范围

数制	字节（B）	字（W）	双字（D）
无符号整数	0 到 255 0 到 FF	0 到 65,535 0 到 FFFF	0 到 4,294,967,295 0 到 FFFF FFFF
符号整数	−128 到+127 80 到 7F	−32,768 到+32,767 8000 到 7FFF	−2,147,483,648 到+2,147,483,647 8000 0000 到 7FFF FFFF
实数 IEEE 32 位浮点数	不用	不用	+1.175495E−38 到+3.402823E+38（正数） −1.175495E−38 到−3.402823E+38（负数）

2．常数

在 S7-200 的指令中可以使用字节、字、双字类型的常数，常数的类型可指定为十进制、十六进制（6#7AB4）、二进制（2#10001100）或 ASCII 字符（'SIMATIC'）。PLC 不支持数据类型的处理和检查，因此在有些指令隐含规定字符类型的条件下，必须注意输入数据的格式。

3.2.2　S7-200 PLC 编址方式

PLC 的每个输入/输出、内部存储单元、定时器和计数器等都称为内部元件或软元件。

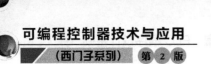

每种软元件都有其不同的功能和相应的地址。这些软元件实际上是和相应的存储器单元对应，它们具有继电器的工作特点，但没有实际的物理触点，触点可以使用无数次，因此为和实际的物理继电器相区别，所以把它们称为软继电器。

在编写程序时，由于软元件都有相应的地址与之对应，因此使用这些软元件只需记住它们的地址就可以了。软元件的地址编号采用区域标志符加上区域内编号的方式，主要由输入/输出继电器区、定时器区、计数器区、通用辅助继电器、特殊辅助继电器区等，这些区域可以用 I、Q、T、C、M、SM 字母来表示。其编址方式可分为位（bit）、字节（Byte）、字（Word）、双字（Double Word）编址。

位编址方式：（区域标识符）字节号.位号，如 I0.0、Q1.0、M0.0。

字节编址方式：（区域标识符）B（字节号），如 IB1 表示 I1.0～I1.7 这 8 位组成的字节。

字编址方式：（区域标识符）W（起始字节号），最高有效字节为起始字节。如 VW0 表示由 VB0 和 VB1 这两个字节组成的字。

双字编址方式：（区域标识符）D（起始字节号），最高有效字节为起始字节。如 VD0 表示由 VB0 和 VB3 这四个字节组成的双字。

3.2.3　S7-200 PLC 内部元件

1．输入继电器 I（输入映像寄存器）

输入继电器是 PLC 用来接收用户设备输入信号的接口，S7-200 PLC 输入映像寄存器区域有 I0.0～I15.7，是以字节（8 位）为单位进行地址分配的。

在每个扫描周期的开始，CPU 对输入点进行采样，并将采样结果存入输入映像寄存器中，外部输入电路接通时对应的映像寄存器为 ON（1 状态）。输入端可以外接常开触点或常闭触点，也可以接多个触点组成的串并联电路。在梯形图中，可以多次引用输入位的常开触点和常闭触点。注意 PLC 的输入继电器只能由外部信号驱动，在梯形图中不允许出现输入继电器的线圈，只能引用输入映像寄存器的触点。

2．输出继电器 Q（输出映像寄存器）

输出继电器是用来将输出信号传送到负载的接口，S7-200 PLC 输出映像寄存器区域有 Q0.0～Q15.7，也是以字节（8 位）为单位进行地址分配的。

在扫描周期的末尾，CPU 将输出映像寄存器的数据传送给输出模块，再由后者驱动外部负载。如果梯形图中 Q0.0 的线圈"通电"，继电器型输出模块中对应的硬件继电器的常开触点闭合，使接在标号为 Q0.0 的端子的外部负载工作。输出模块中的每一个硬件继电器仅有一对常开触点，但是在梯形图中，每一个输出位的常开触点和常闭触点都可以多次使用。

S7-200 CPU 的输入/输出地址范围如表 3-2。

表 3-2　　S7-200 CPU 的输入/输出地址分配

	CPU221 （6 入/4 出）	CPU222 （8 入/6 出）	CPU224 （14 入/10 出）	CPU226（XM） （24 入/16 出）
输入点地址	I0.0、I0.1、I0.2、I0.3、I0.4、I0.5	I0.0、I0.1、I0.2、I0.3、I0.4、I0.5、I0.6、I0.7	I0.0、I0.1、I0.2、I0.3、I0.4、I0.5、I0.6、I0.7 I1.0、I1.1、I1.2、I1.3、I1.4、I1.5	I0.0、I0.1、I0.2、I0.3、I0.4、I0.5、I0.6、I0.7 I1.0、I1.1、I1.2、I1.3、I1.4、I1.5、I1.6、I1.7 I2.0、I2.1、I2.2、I2.3、I2.4、I2.5、I2.6、I2.7
输出点地址	Q0.0、Q0.1、Q0.2、Q0.3	Q0.0、Q0.1、Q0.2、Q0.3、Q0.4、Q0.5	Q0.0、Q0.1、Q0.2、Q0.3、Q0.4、Q0.5、Q0.6、Q0.7 Q1.0、Q1.1	Q0.0、Q0.1、Q0.2、Q0.3、Q0.4、Q0.5、Q0.6、Q0.7 Q1.0、Q1.1、Q1.2、Q1.3、Q1.4、Q1.5、Q1.6、Q1.7

3．通用辅助继电器 M（位存储器）

通用辅助继电器用来保存控制继电器的中间操作状态，其地址范围为 M0.0～M31.7，其作用相当于继电器控制中的中间继电器，通用辅助继电器在 PLC 中没有输入/输出端与之对应，其线圈的通断状态只能在程序内部用指令驱动，其触点不能直接驱动外部负载，只能在程序内部驱动输出继电器的线圈，再用输出继电器的触点去驱动外部负载。

4．特殊辅助继电器 SM（特殊标志位存储器）

PLC 中还有若干特殊辅助继电器，特殊辅助继电器提供大量的状态和控制功能，用来在 CPU 和用户程序之间交换信息，特殊辅助继电器能以位、字节、字或双字来存取，CPU226 的 SM 的位地址编号范围为 SM0.0～SM549.7，其中 SM0.0～SM29.7 的 30 个字节为只读型区域。例如：SM0.0 该位总是为"ON"；SM0.1 首次扫描循环时该位为"ON"；SM0.4、SM0.5 提供 1 分钟和 1 秒钟时钟脉冲；SM1.0、SM1.1 和 SM1.2 分别是零标志、溢出标志和负数标志。

5．变量存储器 V

变量存储器主要用于存储变量。可以存放数据运算的中间运算结果或设置参数，在进行数据处理时，变量存储器会被经常使用。变量存储器可以是位寻址，也可按字节、字、双字为单位寻址，其位存取的编号范围根据 CPU 的型号有所不同，CPU221/222 为 V0.0～V2047.7 共 2KB 存储容量，CPU224/226 为 V0.0～V5119.7 共 5KB 存储容量。

6．局部变量存储器 L

局部变量存储器主要用来存放局部变量，局部变量存储器 L 和变量存储器 V 十分相似，主要区别在于全局变量是全局有效，即同一个变量可以被任何程序（主程序、子程序和中断程序）访问。而局部变量只是局部有效，即变量只和特定的程序相关联，L0.0～L63.7。

7. 定时器 T

S7-200 PLC 所提供的定时器作用相当于继电器控制系统中的时间继电器，用于时间累计。每个定时器可提供无数对常开和常闭触点供编程使用，其设定时间由程序设置。定时器有 T0～T255，其分辨率（时基增量）分为 1ms、10ms 和 100ms 三种。

8. 计数器 C

计数器用于累计计数输入端接收到的由断开到接通的脉冲个数。计数器可提供无数对常开和常闭触点供编程使用，其设定值由程序赋予，计数器有 C0～C255。

9. 高速计数器 HC

一般计数器的计数频率受扫描周期的影响，不能太高。而高速计数器可用来累计比 CPU 的扫描速度更快的事件。高速计数器的当前值是一个双字长（32 位）的整数，且为只读值。HC0～HC5。

10. 累加器 AC

累加器是用来暂存数据的寄存器，它可以用来存放运算数据、中间数据和结果。CPU 提供了 4 个 32 位的累加器，其地址编号为 AC0～AC3。累加器的可用长度为 32 位，可采用字节、字、双字的存取方式，按字节、字只能存取累加器的低 8 位或低 16 位，双字可以存取累加器全部的 32 位。

11. 顺序控制继电器

顺序控制继电器是使用步进顺序控制指令编程时的重要状态元件，通常与步进指令一起使用以实现顺序功能流程图的编程。S0.0～S31.7。

12. 模拟量输入\输出映像寄存器（AI/AQ）

S7-200 的模拟量输入电路是将外部输入的模拟量信号转换成 1 个字长的数字量存入模拟量输入映像寄存器区域，区域标志符为 AI。

模拟量输出电路是将模拟量输出映像寄存器区域的 1 个字长的数值转换为模拟电流或电压的输出，区域标志符为 AQ。

由于模拟量为一个字长，且从偶数字节开始，所以必须用偶数字节地址（如 AIW0，AQW2）来存取和改变这些值。模拟量输入值为只读数据，模拟量输出值为只写数据，转换的精度是 12 位。

具有掉电保持功能的内存在电源断电后又恢复时能保持它们在电源掉电前的状态。CPU226 的默认保持范围为：VB0.0～VB5119.7、MB14.0～MB31.7、TONR 定时器和全部计数器，其中定时器和计数器只有当前值可以保持，而定时器和计数器的位是不能保持的。

S7-200 CPU 存储器范围及特性，如表 3-3 所示。

表 3-3　S7-200　CPU 存储器范围及特性

	CPU221	CPU222	CPU224	CPU224XP	CPU226
用户程序大小					
带运行模式下编辑	4096 字节	4096 字节	8192 字节	12288 字节	16384 字节
不带运行模式下编辑	4096 字节	4096 字节	12288 字节	16384 字节	24576 字节
用户数据大小	2048 字节	2048 字节	8192 字节	10240 字节	10240 字节
输入映像寄存器	I0.0～I15.7	I0.0～I15.7	I0.0～I15.7	I0.0～I15.7	I0.0～I15.7
输出映像寄存器	Q0.0～Q15.7	Q0.0～Q15.7	Q0.0～Q15.7	Q0.0～Q15.7	Q0.0～Q15.7
模拟量输入（只读）	AIW0～AIW30	AIW0～AIW30	AIW0～AIW62	AIW0～AIW62	AIW0～AIW62
模拟量输入（只写）	AQW0～AQW30	AQW0～AQW30	AQW0～AQW62	AQW0～AQW62	AQW0～AQW62
变量存储器（V）	VB0～VB2047	VB0～VB2047	VB0～VB8191	VB0～VB10239	VB0～VB10239
局部存储器（L）	LB0～LB63	LB0～LB63	LB0～LB63	LB0～LB63	LB0～LB63
位存储器（M）	M0.0～M31.7	M0.0～M31.7	M0.0～M31.7	M0.0～M31.7	M0.0～M31.7
特殊存储器（SM）	SM0.0～SM179.7	SM0.0～SM299.7	SM0.0～SM549.7	SM0.0～SM549.7	SM0.0～SM549.7
只读	SM0.0～SM29.7	SM0.0～SM29.7	SM0.0～SM29.7	SM0.0～SM29.7	SM0.0～SM29.7
定时器	256（T0～T255）	256（T0～T255）	256（T0～T255）	256（T0～T255）	256（T0～T255）
有记忆接通延迟					
1ms	T0、T64	T0、T64	T0、T64	T0、T64	T0、T64
10ms	T1～T4	T1～T4	T1～T4	T1～T4	T1～T4
	T65～T68	T65～T68	T65～T68	T65～T68	T65～T68
100ms	T5～T31	T5～T31	T5～T31	T5～T31	T5～T31
	T69～T95	T69～T95	T69～T95	T69～T95	T69～T95
接通/关断延迟					
1ms	T32～T96	T32～T96	T32～T96	T32～T96	T32～T96
10ms	T33～T36	T33～T36	T33～T36	T33～T36	T33～T36
	T97～T100	T97～T100	T97～T100	T97～T100	T97～T100
100ms	T37～T63	T37～T63	T37～T63	T37～T63	T37～T63
	T101～T255	T101～T255	T101～T255	T101～T255	T101～T255
计数器	C0～C255	C0～C255	C0～C255	C0～C255	C0～C255
高速计数器	HC0～HC5	HC0～HC5	HC0～HC5	HC0～HC5	HC0～HC5
顺序控制继电器（S）	S0.0～S31.7	S0.0～S31.7	S0.0～S31.7	S0.0～S31.7	S0.0～S31.7
累加存储器	AC0～AC3	AC0～AC3	AC0～AC3	AC0～AC3	AC0～AC3
跳转/标号	0～255	0～255	0～255	0～255	0～255
调用/子程序	0～63	0～63	0～63	0～63	0～127
中断程序	0～127	0～127	0～127	0～127	0～127
正/负跳变	256	256	256	256	256
PID 回路	0～7	0～7	0～7	0～7	0～7
端口	端口 0	端口 0	端口 0	端口 0、1	端口 0、1

3.2.4　寻址方式

S7-200 将信息存放于不同的存储器单元，每个存储器单元都有唯一确定的地址。通常将使用数据地址访问所有的数据称为寻址。它对数据的寻址方式可分为立即寻址、直接寻址和间接寻址三类。在数字量控制系统中一般采用直接寻址。

1. 直接寻址

所谓直接寻址就是明确指出存储单元的地址，在程序中直接使用编程元件的名称和地址编号，使用户程序可以直接存取这个信息。直接寻址可以采用按位编址或按字节编址的方式进行寻址。寻址时，数据地址以代表存储区类型的字母开始，随后是表示数据长度的标记，然后是存储单元的编号。

若要存取存储区的某一位，则必须指定地址，包括存储器标识符、字节地址和位号。图 3-3 是一个位寻址的例子（也称为"字节.位"寻址）。在这个例子中，存储器区、字节地址（I 代表输入，3 代表字节 3）和位地址（第 4 位）之间用点号（"."）相隔开。

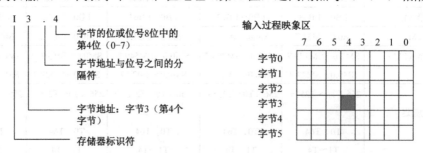

图 3-3　位寻址举例

使用字节寻址方式，可以按照字节、字或双字来存取许多存储区（V、I、Q、M、S、L 及 SM）中的数据。若要存取 CPU 中的一个字节、字或双字数据，则必须以类似位寻址的方式给出地址，包括存储器标识符、数据大小，以及该字节、字或双字的起始字节地址，如图 3-4 所示。其他 CPU 存储区（如 T、C、HC 和累加器）中存取数据使用的地址格式包括区域标识符和设备号。

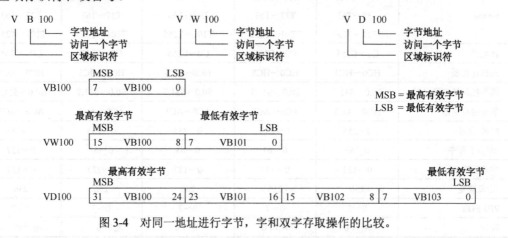

图 3-4　对同一地址进行字节，字和双字存取操作的比较。

可以进行位操作的存储区有 I、Q、M、SM、L、V、S。可以进行字节操作的存储区有 I、Q、M、SM、L、V、AC（只用低 8 位）、常数。可以进行字操作的存储区有 I、Q、M、SM、T、C、L、V、AC（只用低 16 位）、常数。可以进行双字操作的存储区有 I、Q、M、

SM、T、C、L、V、AC（32 位）、常数。

2．间接寻址

间接寻址时操作数并不提供直接数据位置，而是通过使用地址指针来存取存储器中的数据。在 S7-200 中允许使用指针对 I、Q、M、V、S、T、C（仅当前值）存储区进行间接寻址。使用间接寻址前，要先创建一指向该位置的指针。指针建立好后，利用指针存取数据。

3.3 基本逻辑指令及应用

3.3.1 梯形图绘制规则

（1）PLC 内部元器件触点在梯形图中的使用次数是无限制的。

（2）梯形图的每一行都是从左边母线开始，然后是各种触点的逻辑连接，最后以线圈或指令盒结束，如图 3-5 所示。

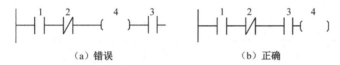

图 3-5 梯形图绘制顺序

（3）线圈和指令盒一般不能直接连接在左边的母线上，如需要的话可通过特殊的中间继电器 SM0.0（常 ON 特殊中间继电器）完成，如图 3-6 所示。

图 3-6 线圈和指令盒绘制

（4）在同一程序中，同一编号的线圈使用两次及两次以上称为双线圈输出。双线圈输出非常容易引起误动作，所以应避免使用。

（5）在手工编写梯形图程序时，触点应画在水平线上，从习惯和美观的角度来讲，不要画在垂直线上。使用编程软件则不可能把触点画在垂直线上，如图 3-7 所示。

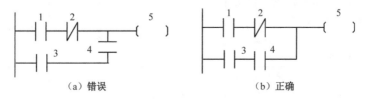

图 3-7 梯形图触点绘制

（6）不包含触点的分支线条应放在垂直方向，不要放在水平方向，以便于读图和美观，如图 3-8 所示。

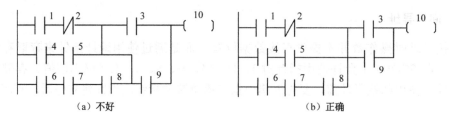

（a）不好　　　　　　　　　　　　　　（b）正确

图 3-8　不包含触点的分支线条绘制

（7）应把串联触点多的电路块尽量放在最上边，把并联触点多的电路块尽量放在最左边，这样既减少指令条数又使梯形图美观，如图 3-9 所示。

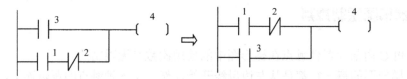

（a）把串联多的电路块放在最上边

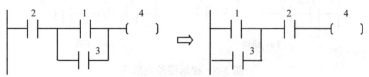

（b）把并联多的电路放在最左边

图 3-9　梯形图绘制示例

3.3.2　基本逻辑指令

位操作指令是 PLC 常用的基本指令，梯形图指令有触点和线圈两大类，触点又分常开触点和常闭触点两种形式；语句表指令有与、或，以及输出等逻辑关系，位操作指令能够实现基本的逻辑运算和控制。

1. 逻辑取（装载）及线圈驱动指令：LD/LDN,=（如表 3-4 所示）

表 3-4　逻辑取（装载）及线圈驱动指令

指令格式	功能描述	梯形图举例与对应指令		操作数
LD bit	装载，常开触点逻辑运算的开始，对应梯形图则为在左侧母线或线路分支点处初始装载一个常开触点	I0.1	LD　I0.1	I、Q、M、SM、T、C、V、S
LDN bit	取反后装载，常闭触点逻辑运算的开始，对应梯形图则为在左侧母线或线路分支点处初始装载一个常闭触点	I0.1	LDN I0.1	

续表

指令格式	功能描述	梯形图举例与对应指令	操作数
= bit	输出指令与梯形图中的线圈相对应。驱动线圈的触点电路接通时，有"能流"流过线圈，输出指令指定的位对应的映像寄存器的值为 1，反之为 0。被驱动的线圈在梯形图中只能使用一次。"="可以并联使用任意次，但不能串联	I0.0 Q0.0 —( )—　　LD I0.0　= Q0.0	Q、M、SM、T、C、V、S。但不能用于输入映像寄存器 I

【例 3.1】 电动机的点动控制线路，其控制要求是：按下按钮 SB，电动机运转；松开按钮 SB，电动机停止运行。

PLC 的输入输出端口的分配表如表 3-5 所示：

表 3-5　例 3.1 PLC 的输入输出端口的分配表

输入端口			输出端口		
外部电器	对应端口	作用	外部电器	对应端口	作用
按钮 SB	I0.0	点动按钮	接触器 KM	Q0.0	控制电动机

梯形图及语句表程序如图 3-10 所示。

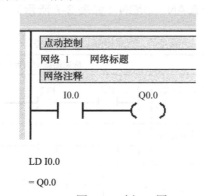

图 3-10　例 3.1 图

工作原理：按下按钮 SB 后对应的输入继电器 I0.0 接通，梯形图中的常开触点接通，使得输出继电器 Q0.0 接通，对应输出端子上的 KM 接通，电动机运行。松开按钮后 I0.0 断开，Q0.0 线圈失电，接在 Q0.0 上的 KM 线圈断电，电动机停止运行。

【例 3.2】 水箱供水控制。水箱的水不满时浮子 FL1 下降开关断开，供水阀 VL1 打开进水。当水放满时，浮子浮起接通对应的开关，阀 VL1 关闭。当水位降低浮子下降，供水阀打开，如图 3-11 所示。

PLC 的输入输出端口的分配如表 3-6 所示：

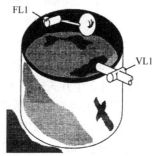

图 3-11　水箱供水控制示意图

表 3-6　例 3.2 PLC 的输入输出端口的分配表

输入端口			输出端口		
外部电器	对应端口	作用	外部电器	对应端口	作用
FL1	I0.0	浮子开关	VL1	Q0.0	进水阀

梯形图及语句表程序如图 3-12 所示：

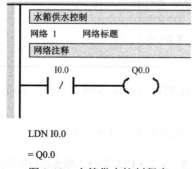

LDN I0.0

= Q0.0

图 3-12　水箱供水控制程序

工作原理：当水进满时浮子 FL1 开关接通，使得 I0.0 的常闭触点断开，那么 Q0.0 线圈断电，使得进水阀 VL1 断电关闭。水位下降时，浮子 FL1 开关断开，使得 I0.0 的常闭触点接通，那么 Q0.0 线圈通电，使得进水阀 VL1 通电供水。

2. 触点串联、并联指令 A/AN、O/ON（如表 3-7 所示）

表 3-7　触点串联、并联指令

指令格式	功能描述	梯形图举例与对应指令		操作数
A bit	与操作，在梯形图中表示串联连接单个常开触点	I0.1　I0.2	LD I0.1 A I0.2	I、Q、M、SM、V、S、T、C
AN bit	与非操作，在梯形图中表示串联连接单个常闭触点	I0.1　I0.2	LD I0.1 AN I0.2	
O bit	或操作，在梯形图中表示并联连接一个常开触点	I0.1 Q0.1	LD I0.1 O Q0.1	
ON bit	或非操作，在梯形图中表示并联连接一个常闭触点	I0.1 Q0.1	LD I0.1 ON Q0.1	

【例 3.3】　触点串联指令编程。

假设有 3 个开关控制 1 盏灯，3 个开关分别接在 PLC 的输入点 I0.1、I0.2、I0.3，灯接在 PLC 的输出点 Q0.0。要求 3 个开关全部闭合时灯才能点亮，其他情况下灯都不亮。其对应的梯形图和语句表程序如图 3-13 所示。

【例 3.4】　触点并联指令编程。

还是用 3 个开关控制 1 盏灯，3 个开关分别接在 PLC 的输入点 I0.1、I0.2、I0.3，灯接在 PLC 的输出点 Q0.0。要求 3 个开关任意一个闭合，都可以使灯点亮，其对应的梯形图和语句表程序如图 3-14 所示。

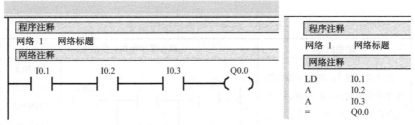

图 3-13　例 3.3 图

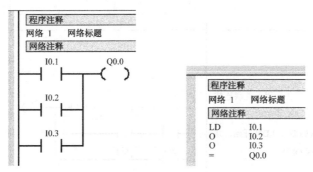

图 3-14　例 3.4 图

【例 3.5】　启动、保持和停止控制电路。

启动、保持和停止电路，简称为"启保停"电路。其梯形图和对应的 PLC 外部接线图如图 3-15 所示。在外部接线图中启动常开按钮 SB1 和 SB2 分别接在输入端 I0.0 和 I0.1，负载接在输出端 Q0.0。因此输入映像寄存器 I0.0 、I0.1 的状态与启动常开按钮 SB1、停止常开按钮 SB2 的状态相对应，而程序运行结果写入输出映像寄存器 Q0.0，并通过输出电路控制负载。

启保停电路最主要的特点是具有"记忆"功能，按下启动按钮，I0.0 的常开触点接通，如果这时未按停止按钮，I0.1 的常闭触点接通，Q0.0 的线圈"通电"，它的常开触点同时接通。放开启动按钮，I0.0 的常开触点断开，"能流"经 Q0.0 的常开触点和 I0.1 的常闭触点流过 Q0.0 的线圈，Q0.0 仍为 ON，这就是所谓的"自锁"或"自保持"功能。按下停止按钮，I0.1 的常闭触点断开，使 Q0.0 的线圈断电，其常开触点断开，以后即使放开停止按钮，I0.1 的常闭触点恢复接通状态，Q0.0 的线圈仍然"断电"。时序分析图如图 3-16 所示。在实际电路中，启动信号和停止信号可能由多个触点组成的串、并联电路提供。

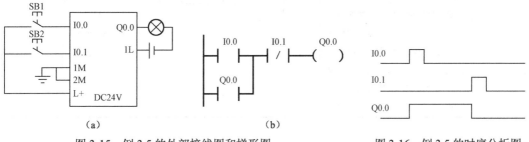

图 3-15　例 3.5 的外部接线图和梯形图　　　图 3-16　例 3.5 的时序分析图

3．块操作和堆栈操作指令 ALD、OLD、LPS、LRD、LPP（如表 3-8 所示）

表 3-8　块操作和堆栈操作指令

指令格式	功能描述	梯形图举例与对应指令		操作数
ALD	块"与"操作，用于串联连接多个并联电路组成的电路块。分支的起点用 LD/LDN 指令，并联电路结束后使用 ALD 指令与前面电路串联		LD I0.1 O I0.2 LDN 0.3 O I0.4 ALD = M0.1	无操作数
OLD	块"或"操作，用于并联连接多个串联电路组成的电路块。分支的起点以 LD 、LDN 开始，并联结束后用 OLD		LD I0.0 A M0.2 AN I0.3 LD M0.1 AN I0.2 OLD LD I0.3 AN M0.2 OLD = Q1.1	无操作数
堆栈操作指令： LPS LRD LPP	堆栈操作指令用于处理线路的分支点 LPS（入栈）指令：LPS 指令把栈顶值复制后压入堆栈，栈中原来数据依次下移一层，栈底值压出丢失 LRD（读栈）指令：LRD 指令把逻辑堆栈第二层的值复制到栈顶，2-9 层数据不变，堆栈没有压入和弹出。但原栈顶的值丢失 LPP（出栈）指令：LPP 指令把堆栈弹出一级，原第二级的值变为新的栈顶值，原栈顶数据从栈内丢失 逻辑堆栈指令可以嵌套使用，最多为 9 层。为保证程序地址指针不发生错误，入栈指令 LPS 和出栈指令 LPP 必须成对使用，最后一次读栈操作应使用出栈指令 LPP		LD I0.0 LPS LD I0.1 O I0.2 ALD = Q0.0 LRD LD I0.3 O I0.4 ALD = Q0.1 LPP A I0.5 = Q0.2	无操作数

【例 3.6】 楼梯照明两地控制。

如图 3-17 所示，照明灯 LP1、LP2 的亮和灭，可以由楼上开关 LS1、楼下开关 LS2 任何一个来控制。每个开关连接 PLC 的一个输入点，灯 LP1 和 LP2 接在 PLC 的同一个输出点上。在梯形图中，要使灯分别受到楼上楼下开关的控制，两个开关必须在同一状态中，即同时接通或同时断开。

PLC 的输入输出端口的分配表如表 3-9 所示：

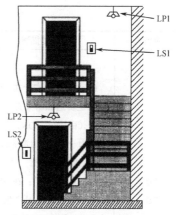

图 3-17　楼梯照明两地控制示意图

表 3-9　楼梯照明两地控制输入输出端口的分配表

输入端口			输出端口		
外部电器	对应端口	作用	外部电器	对应端口	作用
LS1	I0.0	楼上控制开关	LP1、LP2	Q0.0	楼上楼下照明
LS2	I0.1	楼下控制开关			

梯形图及语句表程序如图 3-18 所示：

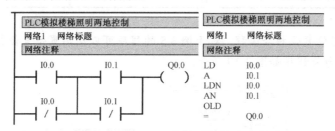

图 3-18　楼梯照明两地控制程序

4. 置位复位指令、边沿触发指令（如表 3-10 所示）

表 3-10　置位复位、边沿触发指令

指令格式	功能描述	梯形图举例与对应指令		操作数
S　S-bit, N R　S-bit, N	置位指令 S、复位指令 R，在使能输入有效后对从起始位 S-bit 开始的 N 位置"1"或置"0"并保持 对同一元件（同一寄存器的位）可以多次使用 S/R 指令（与"="指令不同） 由于是扫描工作方式，当置位、复位指令同时有效时，写在后面的指令具有优先权 置位复位指令通常成对使用，也可以单独使用或与指令盒配合使用	网络1 I0.0接通M1.0，M0.0-M0.5将置为1 网络2 I0.1接通M1.0，M0.0-M0.5将置为0	网络 1 LD I0.0 S M1.0, 1 S M0.0, 6 网络 2 LD I0.1 R M1.0, 1 R M0.0, 6	操作数 N 为：VB, IB, QB, MB, SMB, SB, LB, AC, 常量, *VD, *AC, *LD。取值范围为：0～255。数据类型为：字节 操作数 S-bit 为：I, Q, M, SM, T, C, V, S, L。数据类型为：布尔

续表

指令格式	功能描述	梯形图举例与对应指令		操作数
EU ED	EU 指令┤P├：在 EU 指令前的逻辑运算结果有一个上升沿时（由 OFF→ON）产生一个宽度为一个扫描周期的脉冲，驱动后面的输出线圈 ED 指令┤N├：在 ED 指令前有一个下降沿时产生一个宽度为一个扫描周期的脉冲，驱动其后线圈 该指令在程序中检测其前方逻辑运算状态的改变，将长信号变成短信号	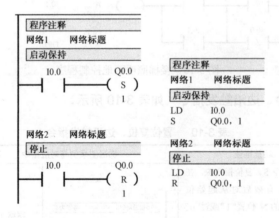	网络 1 LDI0.0 EU ＝ M0.0 网络 2 LD M0.0 S Q0.0,1 网络 3 LD I0.1 ED ＝ M0.1 网络 4 LD M0.1 R Q0.0, 1	无操作数
NOT	取反指令，将 NOT 指令之前的运算结果取反	┤NOT├	NOT	无操作数

【例3.7】 置位复位指令编程，对于例 3.5 的程序可以使用置位复位指令来编写，其对应的梯形图及语句表程序如图 3-19 所示。

```
程序注释
网络1   网络标题
启动保持
    I0.0           Q0.0
    ┤ ├           （ S ）
                     1

网络2   网络标题
停止
    I0.0           Q0.0
    ┤ ├           （ R ）
                     1
```

```
程序注释
网络1     网络标题
启动保持
LD       I0.0
S        Q0.0, 1

网络2     网络标题
停止
LD       I0.0
R        Q0.0, 1
```

图 3-19   例 3.7 图

【例3.8】 采用一个按钮控制两台电动机 M1、M2 启动，控制要求是：按下启动按钮，M1 启动，松开按钮，M2 启动。这样可以使两台电动机的启动时间分开，从而防止两台电动机同时启动对电网造成的不良影响。在此 I0.0 与启动按钮对应，I0.1 与停止按钮对应，Q0.0、Q0.1 分别驱动两个接触器，再由接触器控制电动机。其梯形图及语句表如图 3-20 所示。

【例3.9】 取反指令编程。如图 3-21 所示梯形图，假设 I0.0 闭合，输出 Q0.0 断电；当 I0.0 断开，输出 Q0.0 得电。

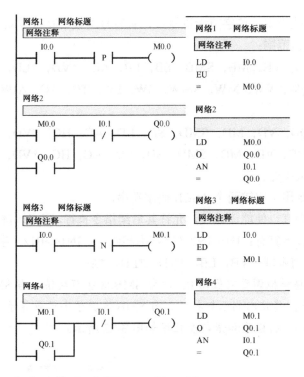

图 3-20 例 3.8 图

图 3-21 例 3.9 图

5．比较指令

比较指令是将两个操作数按指定的条件比较，操作数可以是整数，也可以是实数，在梯形图中用带参数和运算符的触点表示比较指令，比较条件成立时，触点就闭合，否则断开。比较触点可以装入，也可以串、并联。比较指令为上、下限控制提供了极大的方便。

比较指令包括数值比较和字符串比较两类。比较指令的 LAD 格式为 $\dashv\overset{IN1}{\underset{IN2}{操作}}\vdash$。IN1，IN2 为输入的两个操作数，指令名称可以为以下名称：==B、==I、==D、==R、<>B、<>I、<>D、<>R、>=B、>=I、>=D、>=R、<=B、<=I、<=D、<=R、>B、>I、>D、>R、<B、<I、<D、<R。

（1）数值比较指令。

当比较结果为真时，触点接通，否则触点断开。

比较的运算有：IN1 = IN2（等于）、IN1 >= IN2（大于等于）、IN1 <= IN2（小于等于）、IN1 <> IN2（不等于）、IN1 > IN2（大于）、IN1 < IN2（小于）。

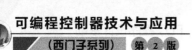
IN1，IN2 的取值类型：单字节无符号数、有符号整数、有符号双字、有符号实数。

IN1，IN2 的取值范围：

BYTE　　IB, QB, VB, MB, SMB, SB, LB, AC, *VD, *LD, *AC 及常数；

INT　　　IW, QW, VW, MW, SMW, SW, LW, TC, AC, AIW, *VD, *LD, *AC 及常数；

DINT　　ID, QD, VD, MD, SMD, SD, LD, AC, HC, *VD, *LD, *AC 及常数；

REAL　　ID, QD, VD, MD, SMD, SD, LD, AC, HC, *VD, *LD, *AC 及常数。

（2）字符串比较指令。

字符串比较指令用于比较两个 ASCII 码字符串。

如果比较结果为真，使能流通过，允许其后续指令执行，否则切断能流。

能够进行的比较运算有：IN1=IN2（字符串相同）；IN1<>IN2（字符串不同）。

IN1，IN2 的取值范围：VB, LB, *VD, *LD, *AC。

【例 3.10】 调整模拟调整电位器 0，改变 SMB28 字节数值，当 SMB28 数值小于或等于 60 时，Q0.0 输出，其状态指示灯打开；当 SMB28 数值小于或等于 120 时，Q0.1 输出，状态指示灯打开。梯形图程序和语句表程序如图 3-22 所示。

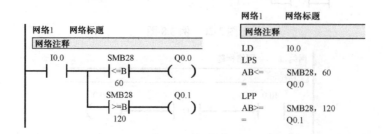

图 3-22　例 3.10 图

3.4　定时器指令及应用

3.4.1　定时器指令基本概念

定时器是累计时间的内部元件，用于按照时间原则控制的场合。S7-200 CPU 22X 系列 PLC 有 256 个定时器，按工作方式分为通电延时定时器（TON）、断电延时型定时器（TOF）、记忆型通电延时定时器（TONR）。有 1ms、10ms、100ms 三种时基标准，定时器号决定了定时器的时基，如表 3-11 所示。

每个定时器均有一个 16 位的当前值寄存器用以存放当前值（16 位符号整数）；一个 16 位的预置值寄存器用以存放时间的设定值；还有一位状态位，反映其触点的状态。最小计时单位为时基脉冲的宽度，又为定时精度；从定时器输入有效，到状态位输出有效，经过的时间为定时时间，即：定时时间=预置值（PT）×时基。

表 3-11　定时器的种类及指令格式

定时器种类	TON—通电延时定时器		TOF—断电延时型定时器		TONR—记忆型通电延时定时器	
LAD	???? —|IN　TON| ????—|PT|		???? —|IN　TOF| ????—|PT|		???? —|IN　TONR| ????—|PT|	
STL	TON　T××, PT		TOF　T××, PT		TONR T××, PT	
定时器指令说明	◆ IN 是使能输入端，指令盒上方输入定时器的编号（T××），范围为 T0～T255；PT 是预置值输入端，最大预置值为 32767；PT 的数据类型：INT。 ◆ PT 操作数有：IW, QW, MW, SMW, T, C, VW, SW, AC, 常数。 ◆ 定时器标号既可以用来表示当前值，又可以用来表示定时器位。 ◆ TOF 和 TON 共享同一组定时器，不能重复使用。即不能把一个定时器同时用作 TOF 和 TON。例如，不能既有 TON　T32，又有 TOF　T32					
工作方式	TON/TOF			TONR		
分辨率/ms	1	10	100	1	10	100
最大定时范围/s	32.767	327.67	3276.7	32.767	327.67	3276.7
定时器编号	T32, T96	T33～T36, T97～T100	T37～T63, T101～T255	T0, T64	T1～T4, T65～T68	T5～T31, T69～T95
定时器刷新方式	◆ 1ms 定时器每隔 1ms 刷新一次与扫描周期和程序处理无关即采用中断刷新方式。因此当扫描周期较长时，在一个周期内可能被多次刷新，其当前值在一个扫描周期内不一定保持一致。 ◆ 10ms 定时器则由系统在每个扫描周期开始自动刷新。由于每个扫描周期内只刷新一次，故而每次程序处理期间，其当前值为常数。 ◆ 100ms 定时器则在该定时器指令执行时刷新。下一条执行的指令，即可使用刷新后的结果，符合正常的思路，使用方便可靠。但应当注意，如果该定时器的指令不是每个周期都执行，定时器就不能及时刷新，可能导致出错					

3.4.2　定时器的工作情况

1．通电延时定时器（TON）

通电延时定时器（TON）用于单一间隔的定时。当 IN 端接通时，定时器开始计时，当前值从 0 开始递增，计时到设定值 PT 时，定时器状态位置 1，其常开触点接通，其后当前值仍增加，但不影响状态位。当前值的最大值为 32767。当 IN 端断开时，定时器复位，当前值清 0，状态位也清 0。若 IN 端接通时间未到设定值就断开，定时器则立即复位，如图 3-23 所示。

2．断电延时型定时器（TOF）

断开延时定时器（TOF）可以用于故障事件发生后的时间延时。断电延时型定时器用来在输入断开，延时一段时间后，才断开输出。IN 端输入有效时，定时器输出状态位立即置 1，当前值复位为 0。IN 端断开时，定时器开始计时，当前值从 0 递增，当前值达到预置值时，定时器状态位复位为 0，并停止计时，当前值保持。如果输入断开的时间，小于预定时间，定时器仍保持接通。IN 再接通时，定时器当前值仍设为 0。如图 3-24 所示。

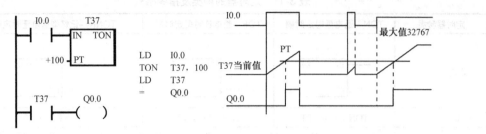

图 3-23　通电延时定时器工作原理

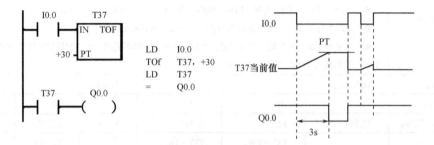

图 3-24　TOF 断电延时定时器的工作原理

3．记忆型通电延时定时器（TONR）

有记忆接通延时定时器（TONR）用于累计时间间隔的定时。当 IN 端接通，定时器开始计时，当前值递增，当前值大于或等于预置值（PT）时，输出状态位置 1。IN 端断开时，当前值保持，当复位线圈有效时，定时器当前位清零，输出状态位置 0。如图 3-25 所示 IN 端再次接通有效时，在原记忆值的基础上递增计时。注意：TONR 记忆型通电延时型定时器采用线圈复位指令 R 进行复位操作。

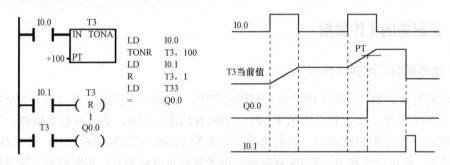

图 3-25　TONR 记忆型通电延时型定时器工作原理

3.4.3　定时器应用举例

【例 3.11】　楼梯灯的定时点亮控制。

当按下楼梯灯的启动按钮 I1.0 时，连接到输出点 Q0.0 的楼梯灯点亮 30s；如果在这段时间内又一次按下启动按钮，则重新开始计时 30s。以保证最后一次按下启动按钮时，楼梯灯不会熄灭。

在图 3-26 所示的梯形图中，当按下 I1.0，在网络 1 中会使 Q0.0 接通。在网络 2 中 Q0.0 常开触点接通，定时器 T37 计时，30s 后在网络 3 中定时器 T37 常开触点接通 Q0.0 断开。如果在定时器计时过程中，按下 I1.0 在网络 1 中会使 T37 复位，然后重新计时。

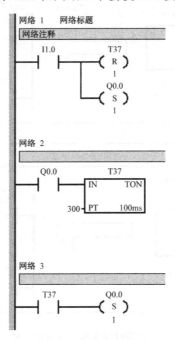

图 3-26　例 3.11 图

【例 3.12】　时钟脉冲产生器。

一般使用定时器本身的常闭触点作定时器的使能输入，定时器的状态位置 1 时，依靠本身的常闭触点的断开使定时器复位，并重新开始定时，进行循环工作，可以产生一个扫描周期宽度的时钟脉冲。但是由于不同时基的定时器的刷新方式不同，会使得有些情况下使用上述方法不能实现这种功能，因此为保证可靠地产生一个扫描周期宽度的时钟脉冲，可以将输出线圈的常闭触点作为定时器的使能输入，如图 3-27 所示，则无论何种时基都能正常工作。

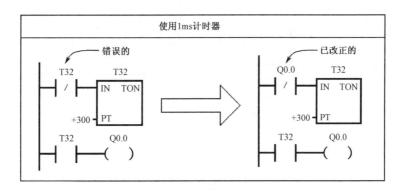

图 3-27　一个扫描周期宽度的时钟脉冲产生器

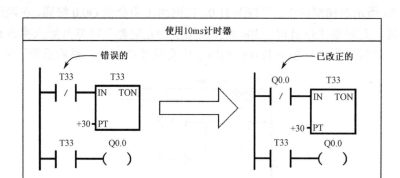

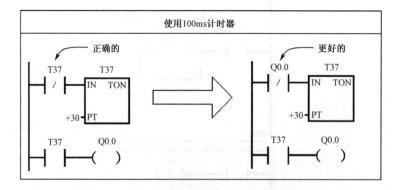

图 3-27 一个扫描周期宽度的时钟脉冲产生器（续）

【例 3.13】 延时接通、断开电路。

如图 3-28 所示，I0.0 的常开触点接通后，T37 开始定时，9s 后 T37 的常开触点接通，使 Q0.1 变为 ON，I0.0 变为 ON 时其常闭触点断开，使 T38 复位。I0.0 变为 OFF 后 T38 开始定时，7S 后 T38 的常闭触点断开，使 Q0.1 变为 OFF，T38 也被复位。

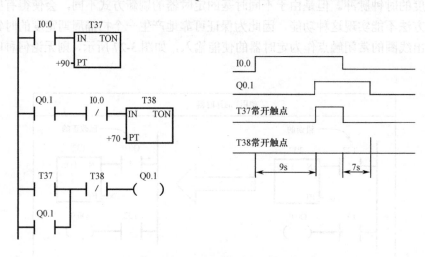

图 3-28 延时接通、断开电路

【例 3.14】　闪烁电路。

闪烁电路实际上是一个具有正反馈的振荡电路，T37 和 T38 的输出信号通过它们的触点分别控制对方的线圈，形成正反馈。

如图 3-29 所示，I0.0 的常开触点接通后，T37 的 IN 输入端为 1 状态，T37 开始定时。2s 后定时时间到，T37 的常开触点接通，使 Q0.0 变为 ON，同时 T38 开始计时。3s 后 T38 的定时时间到，它的常闭触点断开，使 T37 的 IN 输入端变为 0 状态，T37 的常开触点断开，Q0.0 变为 OFF，同时使 T38 的 IN 输入端变为 0 状态，其常闭触点接通，T37 又开始定时，以后 Q0.0 的线圈将这样周期性地"通电"和"断电"，直到 I0.0 变为 OFF。Q0.0 线圈"通电"时间等于 T38 的设定值，"断电"时间等于 T37 的设定值。

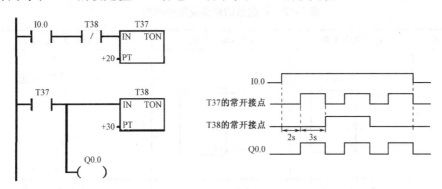

图 3-29　闪烁电路程序

【例 3.15】　定时器的扩展电路。

S7-200 PLC 的定时器的最长定时时间为 3276.7s，如果需要更长的时间，可以使用多个定时器串联的方法实现，具体方法是把前一个定时器的常开点作为后一个定时器的使能输入，当 I0.0 接通，T37 开始定时，2s 后 T37 常开触点接通 T38 的使能端；此时 T38 开始定时，3s 后 T38 常开触点闭合使得 Q0.0 接通。总的定时时间 T= T37+T38。如图 3-30 所示。

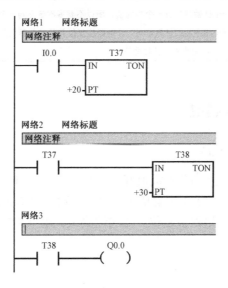

图 3-30　定时器的扩展电路

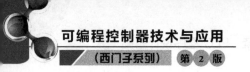

3.5 计数器指令及应用

3.5.1 计数器指令基本概念

计数器用来累计输入脉冲的个数。主要由一个 16 位的预置值寄存器、一个 16 位的当前值寄存器和一位状态位组成。当前值寄存器用以累计脉冲个数，计数器当前值大于或等于预置值时，状态位置 1。S7-200 系列 PLC 有三类计数器：CTU-加计数器、CTUD-加/减计数器、CTD-减计数器，如表 3-12 所示。

表 3-12 计数器的种类及指令格式

计数器种类	CTU-加计数器	CTD-减计数器	CTUD-加/减计数器
LAD	???? CU CTU R ????—PV	???? CD CTD LD ????—PV	???? CU CTUD CD R ????—PV
STL	CTU Cxxx，PV	CTD Cxxx，PV	CTUD Cxxx，PV
计数器指令使用说明	◆ 梯形图指令符号中：CU 为加计数脉冲输入端；CD 为减计数脉冲输入端；R 为加计数复位端；LD 为减计数复位端；PV 为预置值。 ◆ Cxxx 为计数器的编号，范围为：C0～255。 ◆ PV 预置值最大范围：32767；PV 的数据类型：INT；PV 操作数为：VW，IW，QW，MW，SMW，LW，AIW，AC，T，C，常量，*VD，*AC，*LD，SW。 ◆ CTU/CTUD/CD 指令使用要点：STL 形式中 CU，CD，R，LD 的顺序不能错；CU，CD，R，LD 信号可为复杂逻辑关系。 ◆ 由于每一个计数器只有一个当前值，所以不要多次定义同一个计数器。 ◆ 当使用复位指令复位计数器时，计数器位复位并且计数器当前值被清零。计数器标号既可以用来表示当前值，又可以用来表示计数器位		

3.5.2 各计数器的工作情况

1. 加计数器指令（CTU）

加计数器指令（CTU）从当前计数值开始，在每一个（CU）输入状态从低到高时递增计数。当 Cxxx 的当前值大于等于预置值 PV 时，计数器位 Cxxx 置位。当复位端（R）接通或者执行复位指令后，计数器被复位。当它达到最大值（32767）后，计数器停止计数。如图 3-31 所示。

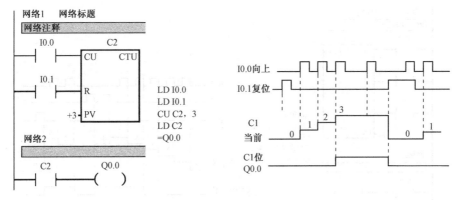

图 3-31　加计数器指令

2. 减计数器指令（CTD）

减计数器指令（CTD）从当前计数值开始，在每一个（CD）输入状态的低到高时递减计数。当 Cxxx 的当前值等于 0 时，计数器位 Cxxx 置位。当装载输入端（LD）接通时，计数器位被复位，并将计数器的当前值设为预置值 PV。当计数值到 0 时，计数器停止计数，计数器位 Cxxx 接通。如图 3-32 所示。

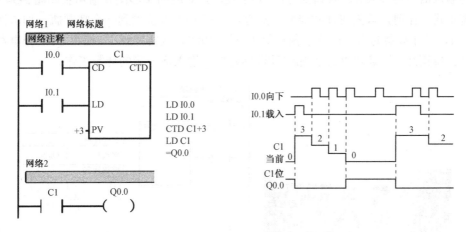

图 3-32　减计数器指令

3. 加/减计数器指令（CTUD）

如图 3-33 所示，加/减计数器指令（CTUD），在每一个加计数输入（CU）的低到高时增计数，在每一个减计数输入（CD）的低到高时减计数。计数器的当前值 Cxxx 保存当前计数值。在每一次计数器执行时，预置值 PV 与当前值作比较。当达到最大值（32767）时，在增计数输入处的下一个上升沿导致当前计数值变为最小值（−32768）。当达到最小值（−32768）时，在减计数输入端的下一个上升沿导致当前计数值变为最大值（32767）。

当 Cxxx 的当前值大于等于预置值 PV 时，计数器位 Cxxx 置位。否则，计数器位关断。当复位端（R）接通或者执行复位指令后，计数器被复位。当达到预置值 PV 时，CTUD 计数器停止计数。

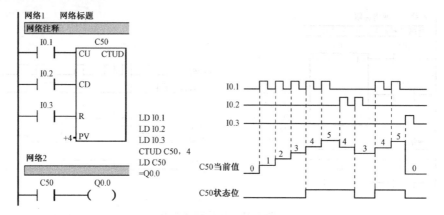

图 3-33　加/减计数器指令

3.5.3　计数器应用举例

【例 3.16】　啤酒瓶自动计数装箱控制。

采用光电开关检测生产线上的啤酒瓶，每检测 12 个啤酒瓶后，发出换箱命令。设光电开关的输入信号连接 I0.1，换箱信号由 Q0.1 发出，对应的梯形图和语句表如图 3-34 所示。在系统正式工作前，首先将计数器复位置零，然后 I0.1 每检测到一个啤酒瓶，加法计数器自动加 1，当计数器的当前值等于预设值 12 是，加法计数器位置 1，使得 Q0.1 得电发出换箱信号。换箱结束，通过 I0.0 使加法计数器复位，进入下一箱的计数工作。

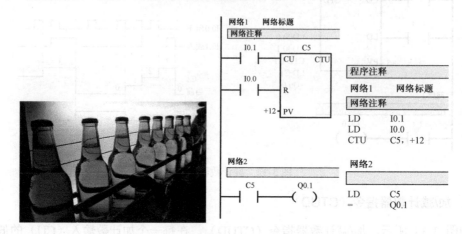

图 3-34　啤酒瓶自动计数装箱控制

【例 3.17】　计数器的扩展。

S7-200 PLC 的计数器最大的计数范围是 32767，若需更大的计数范围，则需要对其进行扩展。如图 3-35 所示，计数器扩展的方法是计数脉冲从第一个计数器的计数脉冲输入端输入，将第一个计数器的状态位作为下一个计数器的脉冲输入，依此类推。在第一个计数器中如果将计数器位的常开触点作为复位输入信号，则可以实现循环计数。由于计数器扩展后构成一个新的计数器，因此每个计数器的复位端上应该有相同的复位信号，以保证所有的计时器能够同时复位。如果是手动复位可以在复位端上接上手动复位按钮对应的输入继电器的常开触点，若要求开机初始化复位则在复位端上接上特殊存储器位 SM0.1。总的计数值 C 总=C1* C2。

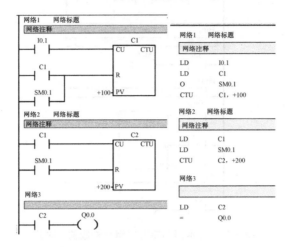

图 3-35　计数器的扩展

SM0.1 初始化脉冲，每当 PLC 的程序开始运行时，SM0.1 线圈接通一个扫描周期，因此 SM0.1 的触点常用于调用初始化程序等。

【例 3.18】　计数器控制的单按钮启停程序。

用一个按钮控制电动机的运行，按一次按钮电动机运行，再按一次按钮电动机停止，如此循环，如图 3-36 所示。

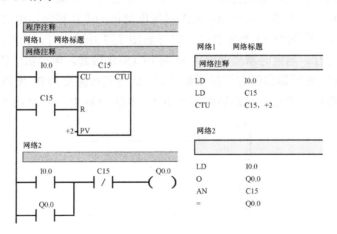

图 3-36　计数器控制的单按钮启停程序

【例 3.19】　计数器与定时器组合构成的定时器。

用计数器和定时器配合增加延时时间，如图 3-37 所示。网络 1 和网络 2 构成一个周期为 6s 的脉冲发生器，并将此脉冲作为计数器的计数脉冲，当计数器计满 10 次后，计数器位接通。设 T38 和 C30 的设定值分别为 KT 和 KC，对于 100ms 定时器总的定时时间为：$T=0.1KT \times KC$（s）。

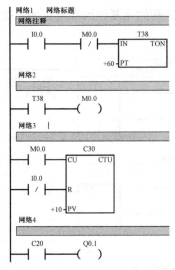

图 3-37　计数器与定时器组合构成的定时器

3.6　基本指令综合应用举例

3.6.1　电动机间歇运动控制

按下启动按钮后，要求电动机以工作 6s 停止 4s 的规律间歇工作。如图 3-38 所示，在梯形图中 I0.0 对应电动机的启动按钮，I0.1 对应电动机的停止按钮，电动机由 Q0.0 控制。按下启动按钮，I0.0 接通 M0.1 得电自锁。定时器图 T37 开始定时，当时间小于 4s 时 Q0.0 断开，电动机不运行。当定时器当前值大于 4s 时 Q0.0 接通，电动机运行。当定时器 T37 当前值等于 10s 时，定时器自动复位后重新计时，此时当前值变为 0，所以在网络 4 中 Q0.0 断电。然后程序会反复地在定时器当前值小于 4s 时 Q0.0 断电，大于 4s 小于 10s 时得电。

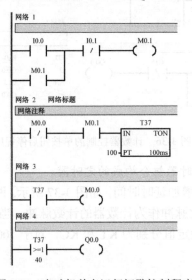

图 3-38　电动机单向运行间歇控制程序

3.6.2　增氧泵定时控制

　　某鱼塘增氧泵如图 3-39 所示，其控制要求如下：（1）能够在手动情况下，进行增氧泵的开机和关机。（2）能够在自动情况下，按照设定的时间进行增氧泵的时间控制，等时间设定过后，增氧泵自动停机。

图 3-39　鱼塘增氧泵

　　根据增氧泵的控制要求，启动按钮对应 I0.0，停止按钮对应 I0.1，手动和自动控制采用转换开关对应 I0.2，增氧泵电动机由 Q0.0 控制。如图 3-40 所示，当把手动自动开关打到手动位置时 I0.2 常闭触点闭合，常开触点断开。此时按下启动按钮后 I0.0 接通，M0.0 得电自锁，在网络 4 中 Q0.0 接通，增氧泵运行。按下停止按钮 I0.1，M0.0 断电，Q0.0 断电。当把手动自动开关打到自动位置，I0.2 常开触点闭合，常闭触点断开。此时按下启动按钮 I0.0，M0.1 被置位，因此 Q0.0 得电，定时器开始计时，如果计时时间到了，M0.1 被复位，Q0.0 断电。

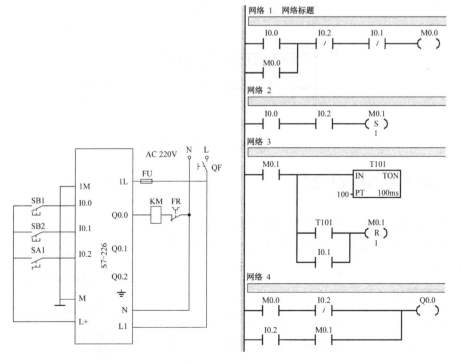

图 3-40　增氧泵定时控制外部接线图和程序

3.6.3　货物计数显示控制

有一自动仓库存放某种货物，最多 8000 箱，需对所存的货物进出计数。货物多于 1000 箱，灯 L1 亮；货物多于 5000 箱，灯 L2 亮。

由于仓库的货物随时可能增加或减少，因此计数器采用了加减计数器。在程序中，L1 和 L2 分别受 Q0.0 和 Q0.1 控制，数值 1000 和 5000 分别存储在 VW20 和 VW30 字存储单元中。利用比较指令来判断计数器的当前值是否超过 1000 和 5000，超过的话 Q0.0、Q0.1 分别接通。梯形图程序如图 3-41 所示。

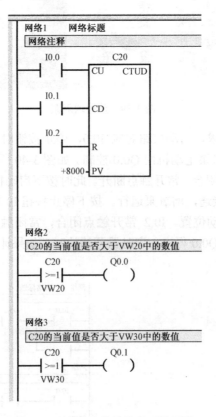

图 3-41　仓库货物计数显示梯形图

3.6.4　仓库门自动开关控制

用 PLC 控制仓库大门的自动打开和关闭，以便让车辆进入仓库，如图 3-42 所示。本系统用两种不同的传感器检测车辆。

1. 控制要求

（1）在操作面板上装有 SB1 和 SB2 两个常开按钮，其中 SB1 用来启动大门控制系统，SB2 用于停止大门控制系统。

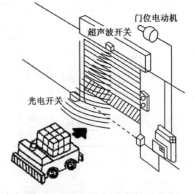

图 3-42　仓库门自动开关示意图

（2）用超声波接收开关检测是否有车辆要进入大门。当本单位的车辆驶近大门时，车上发出特定编码的超声波，被门上的超声波接收器识别出，输出逻辑"1"信号，则开启大门。

（3）用光电开关检测车辆是否已进入大门。光电开关由发射头和接收头两部分组成，发射头发出特定频谱的红外光束，由接收头接收。当红外光束被车辆遮住时，接收头输出逻辑"1"；当红外光束未被车辆遮住时，接收头输出逻辑"0"。当光电开关检测到车辆已进入大门时，则关闭大门。

（4）门的上限装有限位开关 SQ1，门的下限装有限位开关 SQ2。

（5）门的上下运动由电动机驱动，开门接触器 KM1 闭合时门打开，关门接触器 KM2 闭合时门关闭。

2．I/O 分配表及接线图

仓库门自动开关控制 I/O 分配表如表 3-13 所示，其接线图如图 3-43 所示。

表 3-13 仓库门自动开关控制 I/O 分配表

输入端口			输出端口		
外部电器	对应输入点	作用	外部电器代号	对应输入点	作用
SB1	I0.0	启用仓库门控制	KM1	Q0.1	开门接触器
SB2	I0.1	停用仓库门控制	KM2	Q0.2	关门接触器
PH1	I0.2	超声波开关			
PH2	I0.3	光电开关			
SQ1	I0.4	门上限位开关			
SQ2	I0.5	门下限位开关			

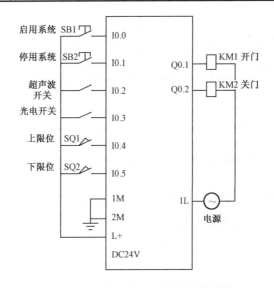

图 3-43 仓库门自动开关控制接线图

3．程序设计

仓库门自动控制开关控制程序梯形图如图 3-44 所示。

按下启动大门控制系统按钮 SB1，输入继电器 I0.0 接通，内部辅助继电器 M1.0 接通并自锁，其常开触点闭合，允许大门作升降运动。当有车辆驶近大门时，超声波开关接通，输入继电器 I0.2 接通，输出继电器 Q0.1 接通并自锁，开门接触器 KM1 接通，电动机驱动大门打开。当门开启到顶碰到上限位行程开关 SQ1 时，SQ1 闭合，输入继电器 I0.4 常闭触点断开，输出继电器 Q0.1 断开，开门接触器 KM1 断开，大门停止运动。当车辆前端进入大门时，光电开关输出逻辑"1"，输入继电器 I0.3 闭合。当车辆后端进入大门时，光电开关输出逻辑"0"，输入继电器 I0.3 断开，经下降沿微分后，内部辅助继电器 M1.1 接通一个扫描周期，使输出继电器 Q0.2 接通并自锁，关门接触器 KM2 接通，电动机驱动大门关闭。当门关闭到底碰下限位行程开关 SQ2 时，SQ2 闭合，输入继电器 I0.5 常闭触点断开，输出继电器 Q0.2 断开，关门接触器 KM2 断开，大门停止运动。当按下停用大门控制系统按钮 SB2，输入继电器 I0.1 常闭触点断开，内部辅助继电器 M1.0 断开，其常开触点均断开，从而阻止输出继电器 Q0.1 和 Q0.2 的接通．因此大门不会运动。

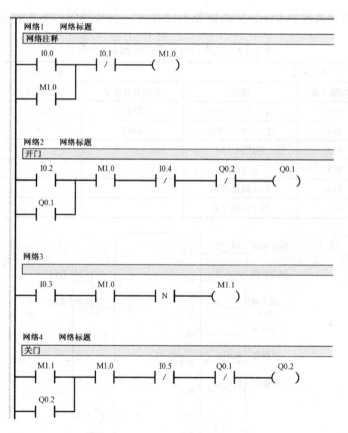

图 3-44　仓库门自动开关控制程序梯形图

3.6.5　搅拌器控制

1. 控制要求

某搅拌器由一台电动机拖动运行，要求按下启动按钮后搅拌器顺时针转动 5s，逆时针转动 5s，搅拌器转动 10 个周期后搅拌电动机自动停车，在搅拌器运行中按下停止按钮，搅拌器停止工作。

2．I/O 分配表及接线图

搅拌器控制的 PLC 输入输出端口分配表如表 3-14 所示，接线图如图 3-45 所示。

表 3-14　搅拌器 I/O 分配表

输入端口			输出端口		
外部电器	对应端口	作用	外部电器	对应端口	作用
SB1	I0.0	启动按钮	KM1	Q0.0	搅拌器顺时针转动
SB2	I1.0	停止按钮	KM2	Q0.1	搅拌器逆时针转动

3．程序设计

如图 3-45 所示，按下启动按钮设备 SB1，I0.0 接通使 M0.0 置位，在网络 3 中使 Q0.0 置位，Q0.1 复位。定时器 T37 定时时间到时，在网络 5 中使 Q0.1 置位，Q0.0 复位。定时器 T38 定时时间到时，在网络 3 中再次使 Q0.0 置位，Q0.1 复位。这样搅拌器就可以顺时针转动 5s，逆时针转动 5s。转动的周期次数有网络 7 中的计数器 C1 控制。

当按下停止按钮 SB2 或转动的周期次数达到 5 次，I1.0 或 C1 接通使得 M0.0、Q0.0、Q0.1、T37、T38 复位，系统停止工作。

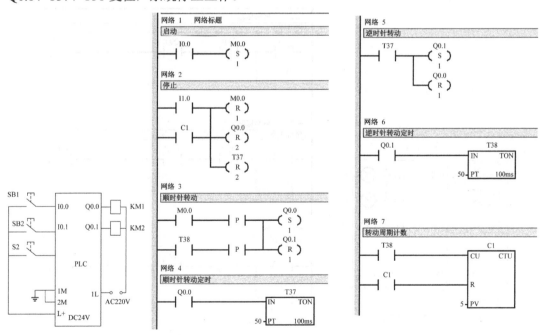

图 3-45　搅拌器控制的接线图和梯形图

3.6.6　抢答器控制

1．控制要求

有 3 个抢答席和 1 个主持人席，每个抢答席上各有 1 个抢答按钮和一盏抢答指示灯。

参赛者在允许抢答时，第一个按下抢答按钮的抢答席上的指示灯将会亮，且释放抢答按钮后，指示灯仍然亮；此后另外两个抢答席上即使在按各自的抢答按钮，其指示灯也不会亮。这样主持人就可以轻易地知道谁是第一个按下抢答器的。该题抢答结束后，主持人按下主持席上的复位按钮（常闭按钮），则指示灯熄灭，又可以进行下一题的抢答比赛。

2．I/O 分配表及接线图

抢答器控制 I/O 分配表如表 3-15 所示，接线图如图 3-46（a）所示。

表 3-15　抢答器 I/O 分配表

输入端口			输出端口		
外部电器	对应端口	作用	外部电器	对应端口	作用
S0	I0.0	主持席上的复位按钮	H1	Q0.1	抢答席 1 上的指示灯
S1	I0.1	抢答席 1 上的抢答按钮	H2	Q0.2	抢答席 2 上的指示灯
S2	I0.2	抢答席 2 上的抢答按钮	H3	Q0.3	抢答席 3 上的指示灯
S3	I0.3	抢答席 3 上的抢答按钮			

3．程序设计

抢答器的程序如图 3-46（b）所示。为显示抢答者抢到抢答权，采用了启保停程序使抢答指示灯维持点亮。同时采用互锁来保证每次只有一个席位获得抢答权。

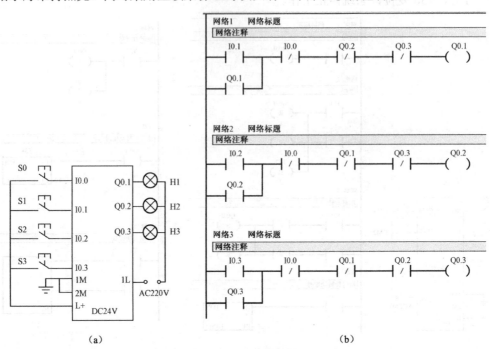

（a）　　　　　　　　　　　　　　　　　　（b）

图 3-46　抢答器控制的接线图和梯形图

3.6.7　料盘电动机星-三角启动控制

1．控制要求

某料盘电动机要求在启动过程采用星-三角启动方式。

（1）电源接通后，首先让电动机接成星形，实现降压启动。然后经过延时，电动机从星形换成三角形，电动机此时全压运行。

（2）在电动机从星形转换成三角形的过程中，为保证主电路可靠工作，避免发生主电路短路故障，应有相应的联锁环节和延时保护。

（3）为系统增加必要的诊断、开机复位、报警等功能。

2．I/O 分配表和接线图

料盘电动机星-三角形启动的 I/O 分配表如表 3-16 所示，其接线图如图 3-47 所示。

表 3-16　料盘电动机星-三角启动的 I/O 分配表

输入端口			输出端口		
外部电器	对应输入点	作用	外部电器	对应输出点	作用
SB1	I0.0	停止按钮	KM1	Q0.0	主接触器
SB2	I0.1	启动按钮	KM_Y	Q0.2	星形控制接触器
KM_Y	I0.3	星形启动确认	KM_Δ	Q0.4	反转控制接触器
			HL	Q0.6	报警指示灯

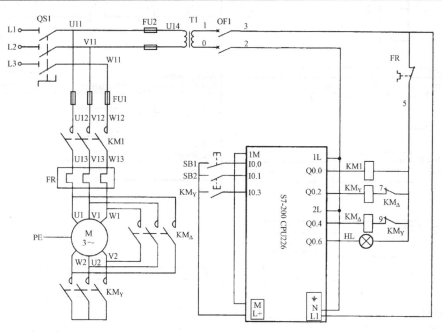

图 3-47　星-三角启动 PLC 接线图

3．程序设计

如图 3-48 所示，按下 SB2 启动按钮后，I0.1 接通使 M1.0 接通自锁，Q0.2 接通使得 KM_Y 接通，电动机接成星形，M1.2 接通。同时 T38、T32 开始计时，0.1s 后 T32 动作，Q0.0 接通使得 KM 接通主电源，保证了在通电前电动机接成星形。T38 计时时间到了后，并不是马上切换到三角形接法，而是使 T34 开始计时，0.1s 后接通 Q0.4，电动机接成三角形，并采用互锁的方法使星形接法断开。

为了使系统工作可靠，在星形-三角形启动控制中加入了如下功能：

（1）星形接触器动作确认功能。

KM$_Y$ 因故没有动作，那么在延时后电动机将全压运行，这种情况是不允许的。因此为了防止上述现象发生，在 PLC 的输入端 I0.3 加入 KM$_Y$ 的常开点作为确认信号。如图 3-48 中网络 9～网络 10。

（2）报警功能。

报警功能可以保证系统在启动后 30s 内无法切换到三角形接法时系统产生报警信号，驱动报警指示灯。如图 3-48 中网络 11～网络 15。

（3）系统上电复位。

为防止系统在断电后重新上电产生误动作，系统一般都要有上电复位的功能，可以利用特殊继电器 SM0.1 作为上电脉冲，利用复位指令 R 将需要复位的元件进行复位操作。如图 3-48 中网络 1。

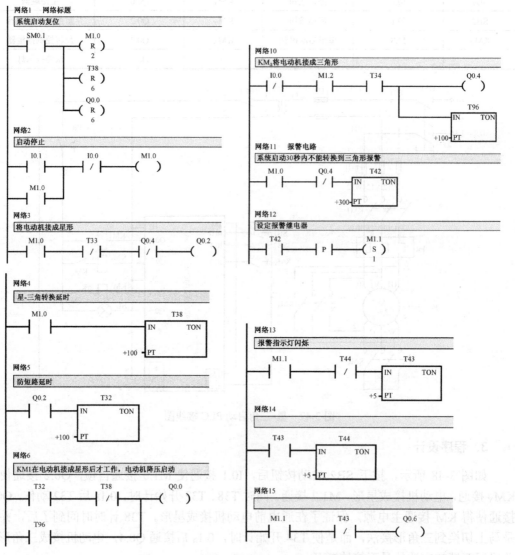

图 3-48 三相异步电动机星-三角启动梯形图

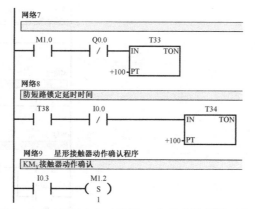

图 3-48 三相异步电动机星-三角启动梯形图（续）

3.6.8 设备过载报警控制

1. 控制要求

设备报警是电气控制中的重要环节，报警的形式一般采用声光报警。当某台设备发生过载故障时，报警指示灯闪烁，报警电铃或蜂鸣器鸣响。操作人员在知晓故障发生后，按消铃按钮，把电铃或蜂鸣器关掉，报警指示灯从闪烁变为常亮。故障排除后，报警灯熄灭。此外还设置了试灯、试铃按钮，用于平时检测报警指示灯、电铃或蜂鸣器的好坏。

2. I/O 分配表及接线图

设备过载报警控制 I/O 分配表如表 3-17 所示，接线图如图 3-49 所示。

表 3-17 设备过载报警控制 I/O 分配表

输入端口			输出端口		
外部电器	对应端口	作用	外部电器	对应端口	作用
FR	I0.0	来自热元件的过载信号	HL1	Q0.0	报警指示灯
SB1	I0.1	清除铃声	HA	Q0.1	电铃或蜂鸣器
SB2	I0.2	试灯试铃			

3. 程序设计

如图 3-49 所示，网络 1、网络 2 利用两个定时器构成周期为 2s 的时钟脉冲，T37 常开触点接通 1s，断开 1s，主要用于报警指示灯的闪烁。如果设备发出过载信号 FR 常开触点闭合，在网络 3 中 I0.0 常开触点接通，Q0.0 闪烁，因此报警灯闪烁；在网络 5 中 Q0.2 接通，报警电铃或蜂鸣器鸣响。操作人员处理故障时，按下 SB1，清除声音报警，表示有人处理故障。故障消除后，FR 常开触点断开，报警指示灯熄灭。

此外，可以通过按下试灯试铃按钮 SB2 测试报警指示灯和报警电铃是否能够正常工作。

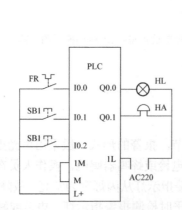

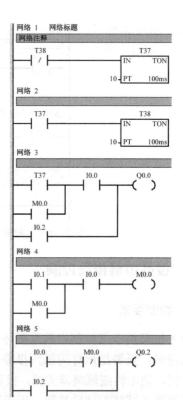

图 3-49　设备过载报警控制的接线图和梯形图

本 章 小 结

（1）SIMATIC 指令集是专门为 S7-200 设计的，通常执行时间短，而且可以用梯形图（LAD）、功能块图（FBD）、结构文本语言（STL）三种程序语言来编写，梯形图程序是使用最广泛的编程语言。S7-200 PLC 的一个程序块由可执行代码和注释组成。可执行代码由主程序和若干子程序或者中断服务程序组成，

（2）S7-200 PLC 编址方式有位编址方式、字节编址方式、字编址方式、双字编址方式。寻址通常采用直接寻址、间接寻址的方式。

（3）S7-200 PLC 内部元件有输入继电器 I、输出继电器 Q、通用辅助继电器 M、特殊辅助继电器 SM（特殊标志位存储器）、变量存储器 V、局部变量存储器 L、定时器 T、计数器 C、高速计数器 HC、累加器 AC、顺序控制继电器、模拟量输入\输出映像寄存器（AI/AQ）。

（4）在设计梯形图时要遵循梯形图的编写规范，合理安排触点的位置，避免双线圈输出。

（5）本章重点讲解 S7-200 PLC 基本指令，如基本逻辑指令、定时器、计数器指令、比较指令等，这些指令是 PLC 编程的基础。因此要熟练掌握这些指令的使用方法，加深对指令的理解，并通过实例学会利用 PLC 解决一些小型的控制问题。

⊡ 习题三

1. S7-200 PLC SIMATIC 指令集提供哪几种编程语言？

2. S7-200 PLC 程序由哪几部分构成？

3. S7-200 PLC 有几种编址方式和寻址方式？其内部资源有哪些？

4. SM0.0、SM0.1 各有什么作用？

5. 在绘制梯形图时要遵循哪些规则？

6. 在例 3-5 中如果把停止按钮换为常闭按钮，同样完成"启保停"的控制功能，将如何修改梯形图？

7. S7-200 PLC 中共有几个定时器？它们的刷新方式有何不同？共有几种类型的定时器？

8. S7-200 PLC 中共有几种形式的计数器？对它们执行复位指令后，它们的当前值和位的状态如何变化？

9. 请设计周期为 5s，占空比为亮 3s，灭 2s 的灯光报警程序。

10. 如图 3-50 所示的多级皮带输送系统，其控制要求如下：

（1）按下启动按钮，电动机 M3 启动 2s 后 M2 自动启动。M2 启动 2s 后 M1 自动启动。

（2）按下停止按钮，电动机 M1 停车 3s 后 M2 自动停车，M2 停车 3s 后 M3 自动停车。

（3）当 M2 异常停车时，M1 也跟着立即停车，3s 后 M3 自动停车。当 M3 异常停车时，M1 和 M2 也跟着立即停车。

（4）请设计此系统的 PLC 控制程序，并列出 I/O 分配表、接线图和梯形图。

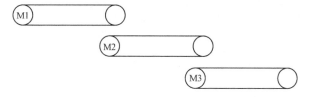

图 3-50　多级皮带输送系统示意图

11. 某装配线上的齿轮或轴承的润滑油加注装置，如图 3-51 所示。其工作过程是当加注润滑油的一个齿轮或轴承走到预定位置时，位置传感器 S2 便发出信号，使电磁阀 YV 打开向齿轮加注一定量的润滑油，然后再将电磁阀关闭。油罐中的润滑油的油位用一个传感器 S1 进行检测，当油位低于某一数值时，此传感器向 PLC 发出一个信号，使缺油指示灯闪烁，提示操作人员向油罐加油。请根据此装置的工作过程，编写 PLC 程序，并列出 I/O 分配表、接线图和梯形图。

12. 试用 PLC 控制汽车清洗装置，其工作过程如图 3-52 所示。汽车清洗装置上有一个启动按钮和一个车辆检测传感器，当按下启动按钮后，汽车清洗装置就沿着轨道运动，当车辆检测传感器检测到有汽车时，就自动打开喷淋器阀门并启动刷子电动机，清洗完毕自动停止。要求请根据此装置的工作过程，编写 PLC 程序，并列出 I/O 分配表、接线图和梯形图。

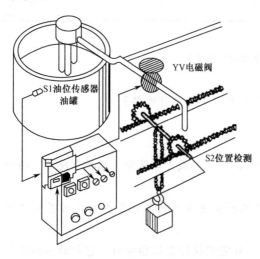

图 3-51　润滑油加注装置

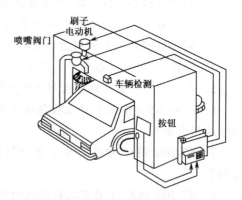

图 3-52　汽车清洗装置

第 4 章

PLC 功能指令及应用

4.1 数据传送指令及应用

数据传送指令是用来完成 PLC 内部各存储单元之间的数据传送。既可进行单个数据传送，也可进行多个数据（数据块）传送。传送的数据类型可分为字节、字、双字和实数等几种情况。

4.1.1 单一数据传送指令

该类指令包含：字节传送指令（MOVB）、字传送指令（MOVW）、双字传送指令（MOVD）和实数传送指令（MOVR）四条指令。

其功能是当使能输入有效时（即 EN=1 时），分别将一个字节、字、双字或实数从 IN 传送到 OUT 所指的存储单元中。在传送过程中数据的大小不被改变。传送后，输入存储器 IN 中的内容也不改变。

影响允许输出 ENO 正常工作的错误条件是：SM4.3（运行时间），0006（间接寻址错误）。单一数据传送指令格式如表 4-1 所示。

表 4-1 单一数据传送指令格式

项目	字节传送指令	字传送指令	双字传送指令	实数传送指令
STL	MOVB IN, OUT	MOVW IN, OUT	MOVD IN, OUT	MOVR IN, OUT
LAD	MOV_B EN ENO ???? IN OUT ????	MOV_W EN ENO ???? IN OUT ????	MOV_B EN ENO ???? IN OUT ????	MOV_R EN ENO ???? IN OUT ????

【例 4.1】 存储器初始化程序是用于开机运行时对某些存储器清零或置数的一种操作。通常采用数据传送指令编程。例如，开机运行时将 VB10 清 0，将 VW100 置数 1800。对应的梯形图程序如图 4-1 所示。

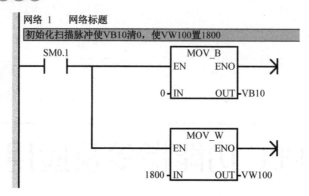

图 4-1　存储器初始化程序梯形图

4.1.2　字节立即传送指令

该类指令包含字节立即读指令（BIR）和字节立即写指令（BIW）两条。指令格式如表 4-2 所示。

BIR 指令在使能输入有效时，立即读取当前物理输入存储区中由 IN 指定的字节，并将其传送到 OUT 所指定的存储单元中，但不更新输入映像寄存器。

BIW 指令在使能输入有效时，从 IN 所指定的存储单元中读取 1 个字节的数据并写入物理输出 OUT 指定的输出地址，同时刷新对应的输出映像寄存器。

影响允许输出 ENO 正常工作的错误条件是：0006（间接寻址错误），SM4.3（运行时间）。另外，要特别注意的是，字节立即传送指令不能访问扩展模块。

表 4-2　字节立即传送指令和数据块传送指令格式

项目	字节立即读	字节立即写	字节块传送指令	字块传送指令	双字块传送指令
STL	BIR IN, OUT	BIW IN, OUT	BMB IN, OUT, N	BMW IN, OUT, N	BMD IN, OUT, N
LAD	MOV_BIR EN ENO IN OUT	MOV_BIW EN ENO IN OUT	BLKMOV_B EN ENO IN OUT N	BLKMOV_W EN ENO IN OUT N	BLKMOV_D EN ENO IN OUT N

4.1.3　数据块传送指令

数据块传送指令包括字节块传送指令（BMB）、字块传送指令（BMW）、双字块传送指令（BMD）三条。该类指令一次可进行多个数据（1~255 个）的传送。其指令格式见表 4-2 所示。

当使能输入有效，将从输入地址 IN 开始的 N 个连续数据（字节、字或双字）传送到输出地址 OUT 指定的地址开始的 N 个单元中。N 的取值范围为 1 至 255，数据类型为字节型。

影响允许输出 ENO 正常工作的错误条件是：SM4.3（运行时间）、0006（间接寻址错误）、0091（操作数超出范围）。

【例 4.2】　I0.1 闭合时，将从 VB0 开始的连续 4 个字节传送到 VB10~VB13 中。对应的梯形图程序及传送结果如图 4-2 所示。

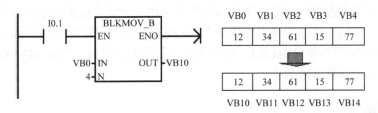

图 4-2　块传送指令示例

4.1.4　字节交换指令

字节交换指令格式和功能如表 4-3 所示。

表 4-3　字节交换指令格式和功能

LAD	STL	功能
SWAP —EN　ENO— ????—IN	SWAP　IN	当使能位 EN 为 1 时，将输入字 IN 中的高字节与低字节交换

【例 4.3】　假定变量存储器 VW2 中存放一数据 2CD1，当 I0.0 由 "0" 变 "1" 后，SWAP 指令将使 VW2 中内容的高字节与低字节交换，其结果使 VW2 中的内容变为 D12C，其梯形图程序及执行结果如图 4-3 所示。

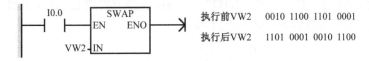

图 4-3　字节交换指令示例

4.2　程序控制指令及应用

程序控制类指令主要是控制程序结构，以及程序执行的相关指令。主要包括结束、暂停、看门狗、跳转、循环、顺序控制等指令。合理应用程序控制类指令可以优化程序结构，增强程序的功能。

4.2.1　结束指令

结束指令有两条：条件结束指令（END）和无条件结束指令（MEND）。其功能是结

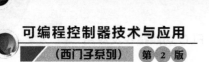

束主程序，并返回到主程序的起点。结束指令没有操作数，只能在主程序中使用，不能在子程序或中断程序中使用。指令格式如表 4-3 所示。

条件结束指令（END）在梯形图中不能直接与左母线相连，而无条件结束指令（MEND）在梯形图中要直接与左母线相连。条件结束指令是用在无条件结束指令前以结束主程序。在调试程序时，可以在程序的适当位置插入 MEND 指令进行程序的分段调试。

用 Micro/WIN 编程软件编程时，软件会在主程序的结尾自动生成 MEND 指令。用户不需要手工输入无条件结束指令。

4.2.2 暂停指令

暂停指令（STOP）功能是指当使能输入有效时，使 CPU 工作方式由 RUN 转换到 STOP，从而停止执行用户程序。STOP 指令可以用在主程序、子程序及中断程序中。若在中断程序中执行 STOP 指令，则该中断立即终止，并且忽略所有挂起的中断，继续执行主程序的剩余部分，在执行结束后，工作方式将从 RUN 切换到 STOP。暂停指令格式如表 4-4 所示。

表 4-4 结束、暂停指令格式

功能	LAD	STL
条件/无条件结束指令	—(END)	END/MEND
暂停指令	—(STOP)	STOP

STOP 和 END 指令通常都是用作对突发事件进行处理，两者的区别如图 4-4 所示。当 I0.0 接通，Q0.0 有输出，若 I0.1 也接通，则 END 指令执行，程序被终止，并返回主程序的起点。Q0.0 仍保持接通，但 END 下面的程序将不会被执行。若 I0.0 和 I0.1 断开，I0.2 和 I0.3 接通，则 Q0.1 有输出，当执行 STOP 指令后，程序立即终止执行，并且 Q0.0 和 Q0.1 均被复位，此时 CPU 切换到 STOP 工作方式。

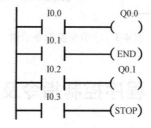

图 4-4 STOP 和 END 指令的区别

4.2.3 跳转指令

跳转指令可以使编程的灵活性大大提高，使 CPU 可以根据对不同条件的判断，选择不同的程序段执行。跳转是由跳转指令（JMP）和标号指令（LBL）配合实现的。

跳转指令 JMP，使能输入有效时，把程序流程跳转到同一程序中指定的标号 N 处执行。

标号指令 LBL，标记程序段，即指定跳转的目标位置。操作数 N 为 0~255 的字型数据。

跳转指令及标号必须配合使用，在同一程序块中（如同一主程序内、同一子程序内或同一中断服务程序内）。不能从主程序跳转到中断服务程序或子程序，也不能从中断服务程序或子程序跳转到主程序或其他的中断服务程序以及其他的子程序中。

指令格式：JMP　N

　　　　　　LBL　N

【例 4.4】　如图 4-5 所示梯形图为跳转指令应用。该程序是利用加减计数器进行计数，如果当前值小于 100，则程序按原来顺序执行，假设 I0.3 和 I0.4 都为 OFF 时，Q0.0 和 Q0.1 均为 ON。若当前值超过 100，则跳转到标号为 0 的程序执行，在初始条件不变时，只有 Q0.1 为 ON。

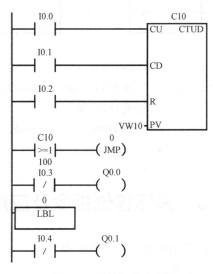

图 4-5　跳转指令应用

【例 4.5】　利用跳转指令设计一个能实现系统手动和自动工作方式切换的程序。参考程序如图 4-6 所示。I0.0 为工作方式选择开关，当其闭合时，JMP 0 执行，程序将跳过手动程序段，直接执行自动程序段和共用程序段；当 I0.0 为 OFF 时，程序执行手动程序段和共用程序段，跳过自动程序段。该程序可以应用在生产线等控制上的手动与自动切换。

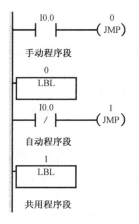

图 4-6　手动与自动的切换程序

4.2.4 与ENO指令

ENO 是梯形图和功能框图编程时指令盒的布尔能流输出端。如果指令盒的能流输入有效，同时执行没有错误，ENO 就置位，并将能流向下传递。ENO 可以作为允许位表示指令执行成功。在语句表语言中用 AENO 指令描述，没有操作数。当用梯形图编程时，指令盒后串联一个指令盒或线圈，如图 4-7 所示为与 ENO 指令的使用。

指令格式：AENO（无操作数）

LD	I0.0	//使能输入
+I	VW10, VW20	//整数加法，VW10+VW20=VW20
AENO		//与 ENO 指令
ATCH	INT_0, 1	//如果整数加法指令执行正确，则调用 INT_0，中断事件号为 1

图 4-7 与 ENO 指令的使用

4.3 循环移位指令及应用

移位指令分为左、右移位和循环左、右移位指令。左、右移位指令按移位数据的长度又可分字节型、字型、双字型 3 种。

4.3.1 左、右移位指令

左、右移位指令是将指定的无符号数按要求进行左移或右移。移位数据存储单元的移出端与溢出标志存储器 SM1.1 相连，最后移出的位被放到 SM1.1 中。另一端自动补 0。移位指令格式如表 4-5 所示。

移位次数与移位数据的长度有关，如果所要移位次数大于数据的位数，超出的次数无效。例如，字右移时，若移位次数设为 18，则实际只能移 16 次，多余的 2 次无效。如果移位后结果为 0，则零存储器标志位 SM1.0 置位为 1。

（1）左移位指令（SHL）：使能输入有效时，将输入 IN 的无符号数（字节、字或双字）中的各位向左移 N 位后，移出位自动补 0，将结果输出到 OUT 所指定的存储单元中。最后一次移出位保存在溢出存储器位 SM1.1 中。

（2）右移位指令（SHR）：使能输入有效时，将输入 IN 的无符号数（字节、字或双字）中的各位向右移 N 位后，移出位自动补 0，将结果输出到 OUT 所指定的存储单元中。最后一次移出位保存在溢出存储器位 SM1.1 中。

数据类型：输入输出均为字节（字或双字），N 为字节型数据。左、右移位指令中，使 ENO = 0 的错误条件：0006（间接寻址错误），SM4.3（运行时间）。

表 4-5　移位指令格式

名称	LAD			STL
左移位指令	SHL_B EN　ENO ????-IN　OUT-???? ????-N	SHL_W EN　ENO ????-IN　OUT-???? ????-N	SHL_DW EN　ENO ????-IN　OUT-???? ????-N	SLB　OUT, N SLW　OUT, N SLD　OUT, N
右移位指令	SHR_B EN　ENO ????-IN　OUT-???? ????-N	SHR_W EN　ENO ????-IN　OUT-???? ????-N	SHR_DW EN　ENO ????-IN　OUT-???? ????-N	SRB　OUT, N SRW　OUT, N SRD　OUT, N

如图 4-8 所示的梯形图为左、右移位指令应用举例。

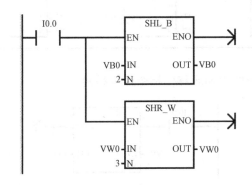

图 4-8　左、右移位指令举例

假设 VB0 中的内容为 00001111，则执行 SLB 指令后，VB0 中的内容变为 00111100；假设 VW0 中的内容为 0000111100001111，则执行 SRW 指令后，VW0 中的内容变为 0000000111100001。

4.3.2　循环移位指令

循环移位指令包括循环左移指令（ROL）和循环右移指令（ROR）两类。其数据类型可以为字节、字或双字。循环移位指令的数据存储单元首尾是相连的，同时移出端又与溢出标志 SM1.1 相连，所以最后被移出的位在移到另一端的同时，也被放到 SM1.1 中保存。

移位次数与移位数据的长度有关，如果移位次数大于移位数据的位数，则在移位之前，系统先对设定的移位次数取以移位数据的位数为底的模，取模的结果作为实际循环移位的次数。循环移位指令的格式如表 4-6 所示。

（1）循环左移位指令（ROL）：使能输入有效时，将 IN 输入无符号数（字节、字或双字）循环左移 N 位后，移位的结果输出到 OUT 所指定的存储单元中，移出的最后一位的数值送到溢出标志位 SM1.1 中存放。

（2）循环右移位指令（ROR）：使能输入有效时，将 IN 输入无符号数（字节、字或双字）循环右移 N 位后，移位的结果输出到 OUT 所指定的存储单元中，移出的最后一位的数值送到溢出标志位 SM1.1 中存放。

当需要移位的数值是零时，零标志位 SM1.0 将被置为 1。使 ENO = 0 的错误条件：0006（间接寻址错误），SM4.3（运行时间）。

表 4-6 循环左、右移位指令格式

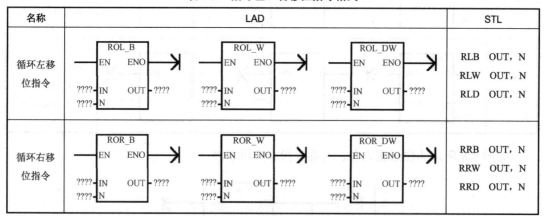

名称	LAD			STL
循环左移位指令	ROL_B	ROL_W	ROL_DW	RLB OUT, N RLW OUT, N RLD OUT, N
循环右移位指令	ROR_B	ROR_W	ROR_DW	RRB OUT, N RRW OUT, N RRD OUT, N

如图 4-9 所示的梯形图为循环移位指令应用举例。

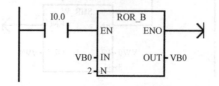

图 4-9 循环移位指令举例

假设 VB0 中的内容为 00001111，则执行 RRB 指令后，VB0 中的内容变为 11000011。溢出标志位 SM1.1 中为 1。

4.3.3 寄存器移位指令

寄存器移位指令（SHRB）是既可以指定寄存器移位的长度又可以指定移位方向的移位指令。其指令格式如图 4-10 所示。

该指令在梯形图中有 3 个数据输入端：DATA 为数值输入端，将该位的值移入移位寄存器；S_BIT 为移位寄存器的最低位端；N 指定寄存器移位的长度，N 的值可为正数也可为负数。N 为正数表示左移，输入数据（DATA）移入移位寄存器的最低位（S_BIT），并移出移位寄存器的最高位。移出的数据放在 SM1.1 中。N 为负数表示右移，输入数据移入移位寄存器的最高位中，并移出最低位（S_BIT）。移出的数据放在 SM1.1 中。每次使能输入有效时，整个移位寄存器按要求移动 1 位。

寄存器移位的长度是在指令中进行指定的，没有字节、字以及双字之分。可指定的最大长度为 64 位。

使 ENO=0 的错误条件有：0006（间接地址），0091（操作数超出范围），0092（计数区错误）。

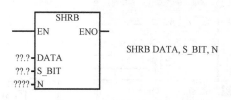

图 4-10 寄存器移位指令格式

如图 4-11 所示，为寄存器移位应用举例。该程序的运行结果如表 4-7 所示。读者可自行分析一下，如程序中没有使用微分指令的话，程序运行结果又会如何？

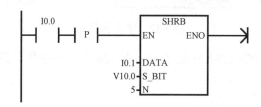

图 4-11 寄存器移位指令举例

表 4-7 指令 SHRB 执行结果

移位次数	I0.1 值	VB10	SM1.1	说明
0	1	10110101	—	移位前，移位时从 VB10.4 移出
1	1	10101011	1	1 移入 SM1.1，I0.1 的值送入右端
2	0	10110111	0	0 移入 SM1.1，I0.1 的值送入右端
3	0	10101110	1	1 移入 SM1.1，I0.1 的值送入右端
4	1	10111101	0	0 移入 SM1.1，I0.1 的值送入右端

4.4 子程序的编写及调用

在结构化程序设计中应用子程序设计是一种非常方便有效的手段。S7-200 PLC 的指令系统中，与子程序相关的操作有：建立子程序、子程序的调用和子程序返回。

4.4.1 建立子程序

建立子程序是通过编程软件完成的，如图 4-12 所示，可以在"编辑"菜单，选择插入（Insert）→子程序（Subroutine）；或者在"指令树"，用鼠标右键点击"程序块"图标，并从弹出菜单选择插入（Insert）→子程序（Subroutine）；或在"程序编辑器"窗口，用鼠标右键点击并从弹出菜单中选择插入（Insert）→子程序（Subroutine）。操作完成后在指令树窗口就会出现新建的子程序图标，其默认的程序名是 SBR_n（n 的编号是从 0 开始

按加 1 的顺序递增的）。子程序的程序名可以在图标上直接修改。编辑子程序时可直接在指令树窗口双击其图标即可进行。

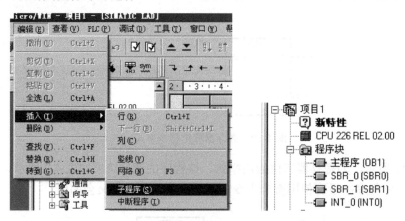

图 4-12　建立子程序

S7-200 PLC 中除 CPU 226XM 最多可以有 128 个子程序外，其他 CPU 最多可以有 64 个子程序。

4.4.2　子程序的调用和子程序的返回

主程序可以按要求用子程序调用指令来调用指定的某个子程序，而子程序执行完必须返回主程序中。

1. 子程序调用（CALL）

当使能输入有效时，主程序把程序控制权交给子程序 SBR_n。子程序调用时可以带参数，也可不带参数。指令格式如表 4-8 所示。

表 4-8　子程序调用和返回的指令格式

指令	LAD	STL
子程序调用命令	SBR_0 ─EN	CALL SBR_0
子程序条件返回	─(RET)	CRET

2. 子程序条件返回指令

当使能输入有效时，结束子程序执行，并返回到主程序中调用该子程序处的下一条指令继续执行。指令格式如表 4-8 所示。

【例4.6】如图 4-13 所示的程序是利用外部控制条件 I0.0 和 I0.1 分别调用子程序 SBR_0 和 SBR_1。子程序 SBR_0 和 SBR_1 的内容省略。

3．注意事项

（1）CRET 多用于子程序的内部，根据前一个逻辑来判断是否结束子程序调用，在梯形图中左边不能直接和左母线相连。而 RET 用于子程序的结束，在使用 Micro/WIN 软件进行编程时，软件自动在子程序结尾加 RET，无需手动输入。

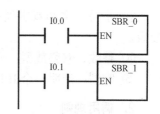

（2）S7-200 指令系统允许子程序嵌套使用，即在某个子程序的内部可以调用另一子程序。但子程序的嵌套深度最多为 8 级。

图 4-13　子程序调用举例

（3）当一个子程序被调用时，当前的堆栈数据会被系统自动保存。并将栈顶置 1，而堆栈中的其他位被清 0，子程序占有控制权。当子程序执行结束后，通过返回指令自动恢复原来的逻辑堆栈值，调用程序又重新获得控制权。

（4）累加器可在调用程序和被调用子程序之间自由传送，所以累加器的值在子程序调用时即不保存也不恢复。

（5）在子程序中不得使用 END（结束）指令。

4.4.3　带参数的子程序调用

子程序的调用过程如果存在数据的传递，那么在调用指令中应包含相应的参数。带参数的子程序调用增加了调用的灵活性。

1．子程序参数

子程序最多可以传递 16 个参数。参数包含变量名、变量类型和数据类型等信息，在子程序的局部变量表中加以定义。

（1）变量名：最多用 8 个字符表示，首字符不能使用数字。

（2）变量类型：是按变量对应数据的传递方向来划分的，可以是传入子程序（IN）、传入和传出子程序（IN/OUT）、传出子程序（OUT）和暂时变量（TEMP）4 种类型。4 种变量类型的参数在变量表中的位置必须按以下先后顺序排列。

① IN 类型：传入子程序参数。可以是直接寻址数据（如 VB110）、间接寻址数据（如 *AC1）、立即数（如 16#2343）或数据的地址（如 & VB100）。

② IN/OUT 类型：传入和传出子程序参数。调用时将指定参数位置的值传到子程序，返回时将从子程序得到的结果返回到同一地址。参数只能采用直接或间接寻址。

③ OUT 类型：传出子程序参数。将从子程序得到的结果返回到指定的参数位置。同 IN/OUT 类型一样，只能采用直接或间接寻址。

④ TEMP 类型：暂时变量参数。在子程序内部暂存数据的，不能用来与调用程序传递参数数据。

（3）数据类型：可以是能流、布尔型、字节型、字型、双字型、整数型、双整型或实型。

① 能流：仅允许对位输入操作，是位逻辑运算的结果。在局部变量中布尔能流输入处于所有类型的最前面。

② 布尔型：用于单独的位输入或输出。

③ 字节、字和双字型：分别声明一个 1 字节、2 字节、4 字节的无符号输入和输出参数。

④ 整数、双整数型：分别声明一个 2 字节、4 字节的有符号输入和输出参数。

⑤ 实型：声明一个 IEEE 标准的 32 位浮点参数。

2．调用规则

（1）常数必须声明数据类型，如果缺少常数参数的声明，常数可能会被当做不同类型使用。例如，把 223344 的无符号双字作为参数传递时，必须用 DW#223344 进行声明。

（2）输入或输出参数没有自动数据类型转换功能。例如，在局部变量表中声明某个参数为实型，而在调用时使用一个双字型，则子程序中的值就是双字。

（3）参数在调用时，必须按输入、输入输出、输出、暂时变量这一顺序进行排列。

3．变量表的使用

按照子程序指令的调用程序，参数值分配给局部变量存储器，起始地址是 L0.0。若在局部变量表中加入一个参数，可单击要加入的变量类型区可以得到一个菜单，选择"插入"，再选择"下一行"即可，系统会自动给各参数分配局部变量存储空间。

带参数的子程序调用指令格式：

CALL 子程序名，参数 1、参数 2，…，参数 n。

【例 4.7】 带参数子程序调用编程，假定输入参数 VW2，VW10 到子程序中，则在子程序 0 的局部变量表里定义其数据类型选择 WORD。在带参数调用子程序指令中，需将要传递到子程序的数据 VW2，VW10 与 IN1，IN2 进行连接。这样，数据 VW2，VW10 在主程序调用子程序 0 时就被传递到子程序的局部变量存储单元 LW0，LW2 中，子程序中的指令便可通过 LW0，LW2 使用参数 VW2，VW10。程序如图 4-14 所示。

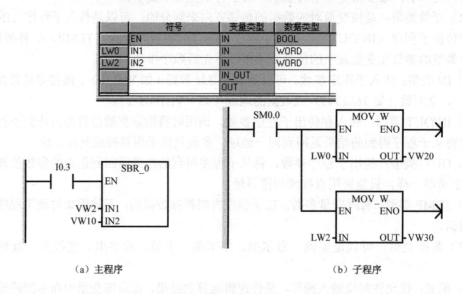

图 4-14 带参数子程序调用举例

4.5 算术运算、逻辑运算指令

算术运算指令包括加、减、乘、除运算和数学函数运算，逻辑运算包括逻辑与或非指令等。两者统称为运算指令。运算指令的应用使 PLC 对数据处理的能力大大提高了，并拓宽了 PLC 的应用领域。

4.5.1 算术运算指令

1．加减法指令

加减法指令按操作数的类型可分为整数加减法、双整数加减法、实数加减法指令。

（1）整数加法（ADD-I）和整数减法（SUB-I）指令是将两个 16 位符号整数相加或相减，产生一个 16 位的结果输出到 OUT。

（2）双整数加法（ADD-D）和双整数减法（SUB-D）指令是将两个 32 位符号整数相加或相减，产生一个 32 位结果输出到 OUT。

（3）实数加法（ADD-R）和实数减法（SUB-R）指令是将两个 32 位实数相加或相减，产生一个 32 位实数结果，从 OUT 指定的存储单元输出。

加减法指令的格式如表 4-9 所示。当 IN1、IN2 和 OUT 操作数的地址不同时，STL 先用数据传送指令将 IN1 中的数值送入 OUT，然后再执行加、减运算。当 IN1 或 IN2=OUT 时，整数加法语句表指令为：+I IN2，OUT，这样可以节省一条数据传送指令。本原则适用于所有的算术运算指令。

加减法指令影响算术标志位 SM1.0（零标志位），SM1.1（溢出标志位）和 SM1.2（负数标志位）。

表 4-9　加减法指令格式

指令	整数加法	整数减法	双整数加法	双整数减法	实数加法	实数减法
LAD	ADD_I EN　ENO IN1　OUT IN2	SUB_I EN　ENO IN1　OUT IN2	ADD_DI EN　ENO IN1　OUT IN2	SUB_DI EN　ENO IN1　OUT IN2	ADD_R EN　ENO IN1　OUT IN2	SUB_R EN　ENO IN1　OUT IN2
STL	MOVW IN1, OUT +I　IN2, OUT	MOVW IN1, OUT -I　IN2, OUT	MOVD IN1, OUT +D　IN2, OUT	MOVD IN1, OUT +D　IN2, OUT	MOVD IN1, OUT +R　IN2, OUT	MOVD IN1, OUT -R　IN2, OUT
功能	IN1+IN2=OUT	IN1-IN2=OUT	IN1+IN2=OUT	IN1-IN2=OUT	IN1+IN2=OUT	IN1-IN2=OUT

【例 4.8】 如图 4-15 所示是利用加法指令求 1000 加 400 的和。其中 1000 存放在数据存储器 VW100 中，结果存放在 AC0 中。

2．乘除法指令

乘除法指令包含整数乘除法指令、完全整数乘除法指令、双整数乘除法指令和实数乘除法指令四类。

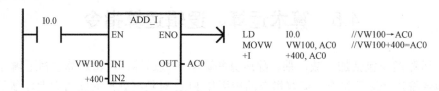

图 4-15　加法指令应用举例

（1）整数乘法指令（MUL-I）：使能输入有效时，将两个 16 位符号整数 IN1 和 IN2 相乘，结果为一个 16 位整数积，从 OUT 指定的存储单元输出。若运算结果大于 32767 时，则产生溢出。

（2）完全整数乘法指令（MUL）：使能输入有效时，将两个 16 位符号整数 IN1 和 IN2 相乘，结果为一个 32 位的双整数积，从 OUT 指定的存储单元输出。

（3）双整数乘法指令（MUL-D）：使能输入有效时，将两个 32 位符号整数相乘，结果为一个 32 位乘积，从 OUT 指定的存储单元输出。若运算结果大于 32 位的存取范围时，则产生溢出。

（4）实数乘法指令（MUL-R）：使能输入有效时，将两个 32 位实数相乘，结果为一个 32 位积，从 OUT 指定的存储单元输出。

（5）整数除法指令（DIV-I）：使能输入有效时，将两个 16 位符号整数相除（IN1/IN2），并产生一个 16 位的商，从 OUT 指定的存储单元输出，不保留余数。如果输出结果大于一个字，则溢出位 SM1.1 置位为 1。

（6）完全整数除法指令（DIV）：使能输入有效时，将两个 16 位整数相除，得出一个 32 位结果，从 OUT 指定的存储单元输出。其中高 16 位放余数，低 16 位放商。

（7）双整数除法指令（DIV-D）：使能输入有效时，将两个 32 位整数相除，并产生一个 32 位商，从 OUT 指定的存储单元输出，不保留余数。

（8）实数除法指令（DIV-R）：使能输入有效时，将两个 32 位实数相除，并产生一个 32 位商，从 OUT 指定的存储单元输出。

乘法指令格式和除法指令格式分别如表 4-10 和 4-11 所示。

乘除法指令对标志位的影响：SM1.0（零标志位），SM1.1（溢出标志位），SM1.2（负数标志位），SM1.3（除数为 0）。使 ENO = 0 的错误条件：0006（间接地址），SM1.1（溢出标志位），SM1.3（除数为 0）。

表 4-10　乘法指令格式

指令	整数乘法	完全整数乘法	双整数乘法	实数乘法
LAD	MUL_I EN ENO IN1 OUT IN2	MUL EN ENO IN1 OUT IN2	MUL_DI EN ENO IN1 OUT IN2	MUL_R EN ENO IN1 OUT IN2
STL	MOVW IN1, OUT *I IN2, OUT	MOVW IN1, OUT MUL IN2, OUT	MOVD IN1, OUT *D IN2, OUT	MOVD IN1, OUT *R IN2, OUT
功能	IN1*IN2=OUT	IN1*IN2=OUT	IN1*IN2=OUT	IN1*IN2=OUT

表 4-11　除法指令格式

指令	整数除法	完全整数除法	双整数除法	实数除法
LAD	DIV_I EN　ENO IN1　OUT IN2	DIV EN　ENO IN1　OUT IN2	DIV_DI EN　ENO IN1　OUT IN2	DIV_R EN　ENO IN1　OUT IN2
STL	MOVW IN1，OUT /I　IN2，0UT	MOVW IN1，OUT DIV IN2，OUT	MOVD IN1，OUT /D　IN2，0UT	MOVD IN1，OUT /R　IN2，0UT
功能	IN1/IN2=OUT	IN1/IN2=OUT	IN1/IN2=OUT	IN1/IN2=OUT

【例 4.9】 如图 4-16 所示梯形图，当 I0.0 接通时，执行 VW10 乘以 VW20、VD40 除以 VD50 操作，并分别将结果存入 VW30 和 VD60 中。

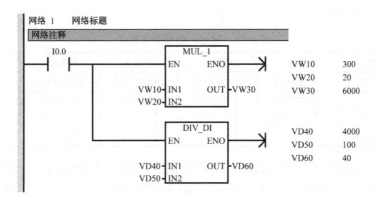

图 4-16　整数乘除指令应用举例

3．数学函数功能指令

数学函数功能指令包括平方根、自然对数、指数、三角函数等。除平方根指令之外，数学函数需要 CPU224 1.0 以上的版本支持。

（1）平方根指令（SQRT）：取一个双字节的 32 位实数 IN 的平方根，平方根也为 32 位实数的结果，并将结果置于 OUT 指定的存储单元中。

（2）自然对数指令（LN）：对 IN 中的数值进行自然对数计算，并将结果置于 OUT 指定的存储单元中。

（3）自然指数指令（EXP）：将 IN 取以 e 为底的指数，并将结果置于 OUT 指定的存储单元中。

（4）三角函数指令：将一个实数的弧度值 IN 分别求 SIN、COS、TAN，得到实数运算结果，将结果置于 OUT 指定的存储单元中。

数学函数功能指令格式及功能如表 4-12 所示。其 IN 和 OUT 的操作数的数据类型均应为实型。

使 ENO = 0 的错误条件有：SM1.1（溢出标志位）、0006（间接地址）。受影响的标志位：SM1.0（结果为零）、SM1.1（溢出标志位）、SM1.2（结果为负）。

表 4-12　函数指令格式

指令	平方根	自然对数	自然指数	正弦	余弦	正切
LAD	SQRT EN　ENO IN　OUT	LN EN　ENO IN　OUT	EXP EN　ENO IN　OUT	SIN EN　ENO IN　OUT	COS EN　ENO IN　OUT	TAN EN　ENO IN　OUT
STL	SQRT IN，OUT	LN IN，OUT	EXP IN，OUT	SIN IN，OUT	COS IN，OUT	TAN IN，OUT
功能	SQRT(IN)=OUT	LN(IN)=OUT	EXP（IN）=OUT	SIN（IN）=OUT	COS（IN）=OUT	TAN（IN）=OUT

4. 递增、递减指令

递增、递减指令是把输入的数据（IN）加 1 或减 1 的操作，并把结果存放在输出单元 OUT 中。字节递增、递减指令操作数是无符号数，字递增、递减指令是有符号的（16#8000 和 16#7FFF 之间），双字递增、递减指令是有符号的（16#80000000 和 16#7FFFFFFF 之间）。

指令格式如表 4-13 所示。

表 4-13　递增、递减指令格式

功能	字节加 1	字节减 1	字加 1	字减 1	双字加 1	双字减 1
STL	INCB OUT	DECB OUT	INCW OUT	DECW OUT	INCD OUT	DECD OUT
LAD	INC_B EN　ENO IN　OUT	DEC_B EN　ENO IN　OUT	INC_W EN　ENO IN　OUT	DEC_W EN　ENO IN　OUT	INC_DW EN　ENO IN　OUT	DEC_DW EN　ENO IN　OUT

使 ENO = 0 的错误条件有：SM4.3（运行时间），0006（间接地址），SM1.1（溢出标志位）。影响标志位：SM1.0（结果为零），SM1.1（溢出标志位），SM1.2（负数标志位）。

【例 4.10】　如图 4-17 所示梯形图，当 I0.0 每接通 1 次，AC0 的内容自动加 1，VW100 中的内容自动减 1。

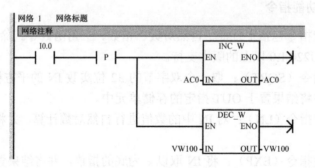

图 4-17　加 1 和减 1 指令举例

4.5.2　逻辑运算指令

逻辑运算指令是对无符号数按位进行与、或、异或和取反等操作。操作数的长度有字节、字、双字。

1. 字节逻辑运算指令

字节逻辑运算指令包括字节逻辑与指令（WAND）、字节逻辑或指令（WOR）、字节逻辑异或指令（WXOR）、字节取反指令（INV）四条。指令格式如表 4-14 所示。

（1）字节逻辑与指令 WAND：将输入的两个 1 字节数据 IN1 和 IN2 按位相与，得到一个 1 字节的逻辑运算结果，放入 OUT 指定的存储单元中。

（2）字节逻辑或指令 WOR：将输入的两个 1 字节数据 IN1 和 IN2 按位相或，得到一个 1 字节的逻辑运算结果，放入 OUT 指定的存储单元中。

（3）字节逻辑异或指令 WXOR：将输入的两个 1 字节数据 IN1 和 IN2 按位相异或，得到的 1 字节的逻辑运算结果，放入 OUT 指定的存储单元中。

（4）字节取反指令 INV：将输入一个 1 字节数据 IIN 按位取反，将得到的 1 字节的逻辑运算结果，放入 OUT 指定的存储单元。

2．字逻辑运算指令

字逻辑运算指令包括字逻辑与指令（ANDW）、字逻辑或指令（ORW）、字逻辑异或指令（XORW）、字取反指令（INVW）四条。指令格式如表 4-14 所示。其操作数均为 1 字长的逻辑数。算法和结果的存放位置和字节逻辑运算指令相同。

3．双字逻辑运算指令

双字逻辑运算指令包括双字逻辑与指令（ANDD）、双字逻辑或指令（ORD）、双字逻辑异或指令（XORD）、双字取反指令（INVD）四条。指令格式如表 4-14 所示。其操作数均为双字长的逻辑数。算法和结果的存放位置和字节逻辑运算指令相同。

表 4-14　逻辑运算指令格式

名称	与	或	异或	取反
字节逻辑运算指令	WAND_B EN　ENO IN1　OUT IN2 ANDB IN1，OUT	WOR_B EN　ENO IN1　OUT IN2 ORB IN1，OUT	WXOR_B EN　ENO IN1　OUT IN2 XORB IN1，OUT	INV_B EN　ENO IN　OUT INVB OUT
字逻辑运算指令	WAND_W EN　ENO IN1　OUT IN2 ANDW IN1，OUT	WOR_W EN　ENO IN1　OUT IN2 ORW IN1，OUT	WXOR_W EN　ENO IN1　OUT IN2 XORW IN1，OUT	INV_W EN　ENO IN　OUT INVW OUT
双字逻辑运算指令	WAND_DW EN　ENO IN1　OUT IN2 ANDD IN1，OUT	WOR_DW EN　ENO IN1　OUT IN2 ORD IN1，OUT	WXOR_DW EN　ENO IN1　OUT IN2 XORD IN1，OUT	INV_DW EN　ENO IN　OUT INVD OUT
功能	IN1，IN2 按位相与	IN1，IN2 按位相或	IN1，IN2 按位异或	对 IN 取反

ENO=0 的错误条件有：0006（间接地址），SM4.3（运行时间）。对标志位的影响：SM1.0（结果为零）。

【例 4.11】　如图 4-18 所示，为逻辑运算指令编程举例，其运算结果如表 4-15 所示。

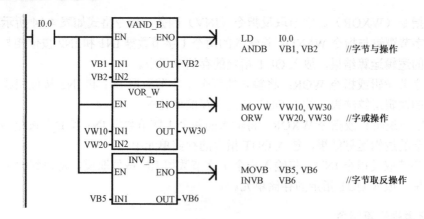

图 4-18　逻辑运算编程举例

表 4-15　运算结果

指令	IN1	IN2	OUT
WAND	VB1：0001 1101	VB2：1100 1101	VB2：0000 1101
WOR	VW10：0101 1101 1111 1010	VW20：1010 0000 1101 1100	VW30：1111 1101 1111 1110
INV	VB5：1111 0000		VB6：0000 1111

4.6　功能指令综合应用

本节介绍几个功能指令的应用实例。目的是让读者对功能指令的具体应用进一步加深了解。

4.6.1　多台电动机启停控制

有 3 台电动机分别由 Q0.0、Q0.1、Q0.2 驱动，I0.0 为启动输入信号，I0.1 为停止输入信号。则对应的梯形图程序如图 4-19 所示。当按下启动按钮后 I0.0 接通，MOV 指令将数值 7 传送到 QB0，此时 QB0 中的每一位状态为 00000111。其中 Q0.0、Q0.1、Q0.2 为 QB0 中的低 3 位，因此 Q0.0、Q0.1、Q0.2 的状态为 1，因此这 3 台电动机启动运行。当按下停止按钮后 I0.1 接通，MOV 指令将数值 0 传送到 QB0，此时 QB0 中的每一位状态为 00000000，因此 Q0.0、Q0.1、Q0.2 的状态为 0，3 台电动机停止运行。

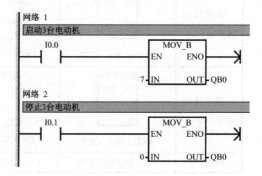

图 4-19　多台电动机启停控制

4.6.2　设备运行时间记录

记录一台设备（如制动器、开关、电动机等）运行的时间。当设备运行时，输入 I0.0 接通，开始测量运行时间；当设备不工作时 I0.0 断开，中断时间的测量，直到 I0.0 重新接通，系统继续测量时间。测量时间的小时数存在字 VW0 中，分钟数存在字 VW2 中，秒数存在 VW4 中，输出 QB0 的 LED 显示当前的秒数。

如图 4-20 所示，在主程序中，每个周期调用 SBR_0，并将当前的秒数送到 QB0 的 LED 显示。在子程序 SBR_0 的网络 1 中，定时器 T5 为保持型接通延时定时器，I0.0 接通，定时器 T5 开始定时；当 I0.0 断开时，定时器 T5 保持当前定时值。在网络 2 中，定时器 T5 计满 1s，将 VW4 加 1 并复位定时器 T5。在网络 3 和网络 4 中，当计时秒数达到 60s 即 1min 时，将 VW2 加 1 并复位 VW4；当计时秒数达到 60min 即 1h 时，将 VW0 加 1 并复位 VW2。

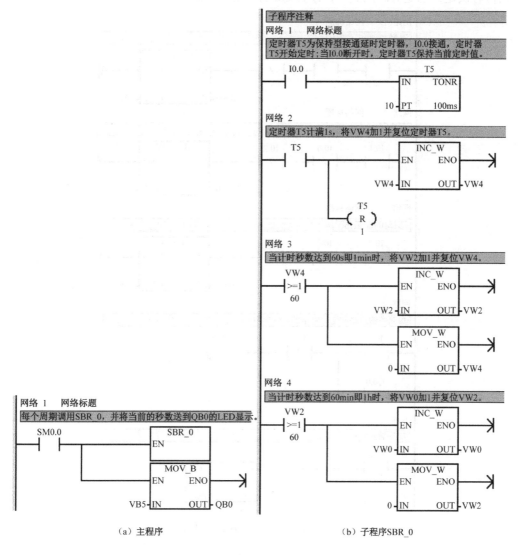

图 4-20　设备运行时间记录控制

4.6.3　加热炉加热时间选择

某工厂生产线三种型号的产品所需加热时间分别为 30min、20min、10min。为方便操

作，在加热炉上设置一个选择开关来预设定时器的值，选择开关有三个挡位，每一个挡位对应一个预设值，并且接在 PLC 的 I0.0、I0.1、I0.2 上；另外加热炉设置一个启动按钮，接在 PLC 的 I0.3 上，用于启动加热炉。加热炉由交流接触器控制其通电和断电，交流接触器接在 PLC 的 Q0.0 上。

如图 4-21 所示，为加热炉加热时间选择的控制程序。在程序的网络 1~网络 3 中，分别可以选择加热时间为 30min、20min 或 10min，并存放在 VW10 中。在网络 4 中启动按钮按下后 I0.3 接通，Q0.0 通电自锁，加热炉工作。同时启动定时器，定时器定时的时间由 VW10 中的内容决定。当定时时间到了，断开 Q0.0，加热结束。

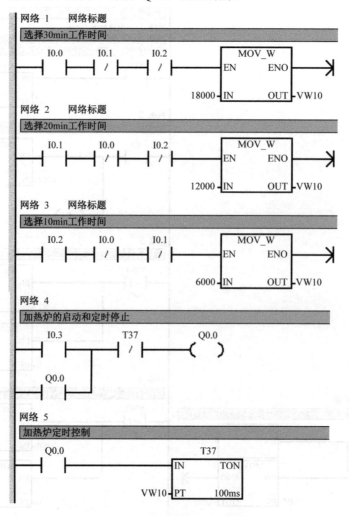

图 4-21　加热炉加热时间选择

4.6.4　多台电动机依次循环工作

有 8 台电动机 M1~M8 要求能够依次循环地工作。当按下启动按钮后，8 台电动机从 M1 开始每隔 20s 依次启动下一台电动机，同时停止前一台电动机。这个过程循环延续，直到按下停止按钮，电动机停止运行。

　　如图 4-22 所示，为多台电动机依次循环工作的控制程序。启动按钮对应 PLC 的 I0.0，停止按钮对应 PLC 的 I0.1，电动机 M1~M8 由 Q0.0~Q0.7 控制。在网络 1 中按下启动按钮系统启动，网络 2 中将 Q0.0 置 1，使电动机 M1 运行。网络 3 和网络 4 中 T37 的常开触点每隔 20s 会接通 1 次，作为移位的信号。网络 5 中在移位信号的作用下循环左移，使得 M1~M8 可以循环工作。当按下停止按钮后 M0.0 断电，系统停止移位，电动机停止工作。

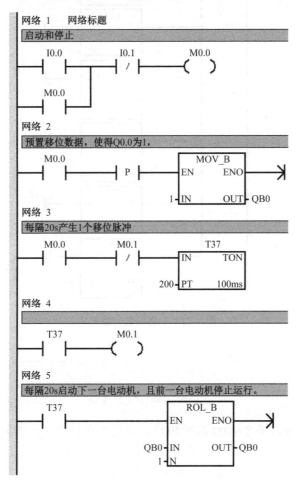

图 4-22　多台电机依次循环工作控制

4.6.5　三角函数运算

　　试求 cos30°+sin120° 的值。由于 S7-200 提供的三角函数指令都是将一个实数的弧度值转换成相应的三角函数值。所以首先应将 30° 和 120° 分别转化成对应的弧度值。因为 180° 对应的弧度值为 3.14159，可以利用实数除法指令求出每 1° 对应的弧度值，再利用实数乘法指令求出 30° 和 120° 对应的弧度值。然后就可以直接利用三角函数指令进行运算。参考程序如图 4-23 所示。

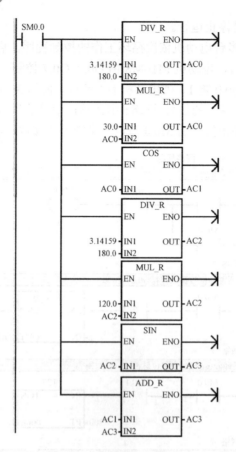

图 4-23　三角函数运算程序

本 章 小 结

　　本章介绍了西门子 S7-200 系列 PLC 的功能指令格式、功能及使用方法。涉及数据传送指令、循环移位指令、运算指令、程序控制指令，以及子程序指令等。重点是掌握这些指令的应用，以及指令梯形图编程方法。

　　（1）数据传送指令包含单个数据传送、数据块传送及字节立即传送指令。

　　（2）程序控制类指令主要是控制程序结构及程序执行的相关指令，主要包括结束、暂停、看门狗、跳转、循环、顺序控制等指令。合理应用程序控制类指令可以优化程序结构，增强程序的功能。

　　（3）移位指令分为左、右移位和循环左、右移位指令。

　　（4）子程序在结构化程序设计中非常适用。S7-200 PLC 的指令系统中，与子程序相关的操作有：建立子程序、子程序的调用和子程序返回。

　　（5）运算指令包括算术运算指令和逻辑运算指令。其中算术运算指令包含加、减、乘、除运算和数学函数变换，逻辑运算包括逻辑与、或、异或和取反指令等。

习题四

1．填空题

（1）循环指令有 FOR 和 NEXT 两条指令构成。FOR 到 NEXT 之间的程序段一般称为_____。

（2）字左移指令中，若移位次数设为 18，则实际只能移____次。如果移位后结果为 0，则_____为 1。

（3）S7-200 PLC 的指令系统中，与子程序相关的操作有：___、___、____。

（4）累加器的值在子程序调用时_____。

（5）在子程序局部变量表中定义的变量类型在变量表中的位置必须按以下先后顺序_____、_____、_____和_____。

（6）运算指令包含_____和_____两大类。

2．编写一段梯形图程序，实现将 VW20 开始的 10 个字型数据移到 VW100 开始的存储区中，这 10 个字型数据的相对位置在移动的前后不发生变化。

3．求以 10 为底的 50（存放在 VD0）的常用对数，结果放在 AC0。

4．求 sin30° 的值。

5．用 I0.0 控制接在 Q0.0～Q0.7 上的 8 个彩灯循环移位，从左到右以 1s 的速度依次点亮，保持任意时刻只有一个指示灯亮，到达最右端后，再从左到右依次点亮。

第 5 章

顺序控制的程序设计

5.1　顺序控制设计基础

5.1.1　顺序控制设计概述

在前面各章节设计梯形图时，没有一套固定的方法和步骤可以遵循，具有很强的试探性和随意性，有时为了得到一个满意的设计结果，需要进行多次反复地调试和修改，增加一些辅助触点和中间编程环节。因此对于较复杂的系统，这种以经验为主的设计方法存在设计周期长，不易掌握，程序可读性差，系统交付使用后维护困难等缺点。针对这一问题本章重点介绍一种通用的程序设计方法——顺序控制设计法。

顺序控制设计法就是按照生产工艺预先规定的顺序，在各个输入信号的作用下，根据内部状态和时间的顺序，在生产过程中使各个执行机构自动地按照一定的顺序进行工作，其控制总是一步一步按顺序进行。在顺序控制的整个过程中，可以分成有序的若干步序（或若干个阶段），各步都有自己应完成的动作。从每一步转移到下一步，一般都是有条件的，条件满足则上一步动作结束，下一步动作开始上一步的动作会被清除。

使用顺序控制设计方法首先要根据系统的工艺过程画出顺序功能图，然后再根据顺序功能图画出梯形图。顺序控制设计方法是一种先进的设计方法，很容易被初学者掌握，对于有经验的工程师也能提高设计的效率，程序在调试修改和阅读时也非常方便。

5.1.2　顺序功能图的基本概念

顺序功能图（SFC）是描述控制系统的控制过程、功能和特性的一种图形，也是设计可编程序控制器的顺序控制程序的有力工具。主要由步、有向连线、转换、转换条件和动作（或命令）组成。

1．步与动作

（1）步。

在功能图中可以根据系统输出状态的变化，将系统的工作过程划分成若干顺序相连的阶段，这些阶段称为"步"，可以用 PLC 的编程元件（如辅助继电器、移位寄存器和状态继电器等）来代表各步，如图 5-1 中的 M0.0、M0.1、M0.2、M0.3，并用矩形框表示。

步可根据被控对象工作状态的变化来划分，而被控对象工作状态的变化又是由 PLC 输出状态变化引起的，因此也可根据 PLC 输出状态变化来划分。

【例 5.1】　某机床动力头的进给运动顺序功能图。

某机床动力头的进给运动示意图和输入输出信号时序图，如图 5-1 所示。假设动力头在初始位置时停在左边，限位开关 I0.3 为 1 状态，Q0.0～Q0.2 控制动力头运动的 3 个电磁阀。按下启动按钮后，动力头向右快速进给，碰到限位开关 I0.1 后变为工作进给，碰到 I0.2 后快速退回，返回初始位置后停止运动。根据 Q0.0～Q0.2 的状态的变化，一个工作周期可以分为快进、工进和快退三步，另外还应设置等待启动的初始步，假设分别用 M0.0～M0.3 来代表这 4 步。图 5-1（b）是描述该系统的顺序功能图，图中用矩形方框表示步，方框中可以用数字表示该步的编号，也可以用代表该步的编程元件的地址作为步的编号，如 M0.0 等。可见顺序控制设计法就是用转换条件控制代表各步的编程元件，让它们的状态按一定的顺序变化，然后用代表各步的编程元件去控制各输出继电器。

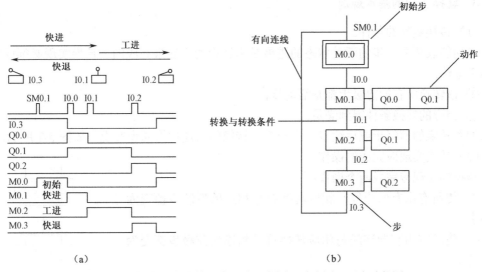

图 5-1　某机床动力头的进给运动示意图、时序图、顺序功能图

（2）活动步。

当系统工作于某一步时，该步处于活动状态，称为"活动步"。步处于活动状态时，相应的动作被执行；处于不活动状态时，相应的非保持型动作被停止执行。如图 5-1 中，当 M0.2 这一步为活动步时，Q0.1 将会被置 1，并执行相应的操作工作进给。当 M0.2 为非活动步时，Q0.1 会由于 M0.2 处于不活动状态而停止执行。**注意**：在整个顺序流程执行过程中只能有一步为活动步。

（3）初始步。

控制过程刚开始阶段的活动步与系统初始状态相对应，称为"初始步"，初始状态一般是系统等待启动命令的相对静止的状态。每个顺序功能图中至少应有一个初始步，如图 5-1 中的 M0.0 步。

（4）动作。

所谓"动作"是指某步活动时，PLC 向被控系统发出的命令，或被控系统应执行的动作。动作用矩形框围起来，用短线与状态框平行相连，通常旁边往往也标出实现该动作的电气执行元件名称或 PLC 元件的地址。

2．有向连线、转换和转换条件

如图 5-1 所示，步与步之间用有向连线连接，并且用转换将步分隔开。有向连线进展方向是从上到下、从左到右时无箭头标注，如果不是上述方向，应在有向连线上用箭头注明方向。步与步之间不允许直接相连，必须有转换隔开，而转换与转换之间也同样不能直接相连，必须有步隔开。转换是用与有向连线垂直的短画线来表示。

转换条件可以用文字语言、布尔代数表达式或图形符号标注在表示转换的短划线旁边。使系统由当前步转入下一步的信号称为转换条件。转换条件可能是外部输入信号，如按钮、指令开关、限位开关的接通/断开等，也可能是 PLC 内部产生的信号，如定时器、计数器触点的接通/断开等，转换条件也可能是若干个信号的与、或、非逻辑组合。

3．转换实现的基本规则

（1）转换实现的条件。

在功能表图中，步的活动状态的进展是由转换的实现来完成的。转换实现必须同时满足两个条件：

① 该转换所有的前级步都是活动步；

② 相应的转换条件得到满足。

如果转换的前级步或后续步不止一个，转换的实现称为同步实现，如图 5-2 所示。

（2）转换实现应完成的操作。

转换的实现应完成两个操作：

① 使所有由有向连线与相应转换符号相连的后续步都变为活动步；

② 使所有由有向连线与相应转换符号相连的前级步都变为不活动步。

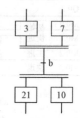

5.1.3 顺序功能图的基本结构

图 5-2 转换的同步实现

顺序功能图有三种不同的结构，分为单序列结构、选择序列结构和并行序列结构。

1．单序列

单序列结构顺序功能图没有分支，它是由一系列相继激活的步组成，每个步后只有一个步，步与步之间只有一个转换条件，如图 5-3（a）所示。

2．选择序列

如图 5-3（b）所示是选择序列结构流程图。选择序列的开始称为分支，如图中的上半部所示，图中的步 3 之后有三个分支，转换符号只能标在水平连线之下。各选择分支不能同时执行。例如，当步 3 为活动步且条件 a 满足时则转向步 4；当 3 为活动步且条件 b 满足时则转向步 6；当 3 为活动步且条件 c 满足时则转向步 8。无论步 3 转向哪个分支，当其后续步成为活动步时，步 3 自动变为不活动步。

当已选择了转向某一个分支，则不允许另外几个分支的首步成为活动步，也就是说只允许选择一个分支。那么在逻辑上应该使各选择分支之间联锁。

选择序列的结束成为合并。图的下半部分，无论哪个分支的最后一步成为活动步，当转换条件满足时都要转向步 10。转换符号只允许标在水平线之上。

3．并行序列

图 5-3（c）所示是并行序列结构的流程图。并行序列的开始也成为分支，为了区别于选择序列结构的流程图，用双线来表示并行序列分支的开始，转换条件放在双线之上。图中的步 3 之后有三个并行分支，当步 3 为活动且条件 a 满足时，则步 4、5、6 同时被激活变为活动步，而步 3 则变为不活动步。图中步 4 和步 7、步 5 和步 8、步 6 和步 9 是三个并行的单序列。

并行序列的结束称为合并，用双线来表示并行序列分支的合并，转换条件放在双线之下。在图中当各并行序列的最后一步，即步 7、步 8、步 9 都为活动步且满足条件 g 时，将同时转换到步 10，且步 7、步 8、步 9 同时都变为不活动步。

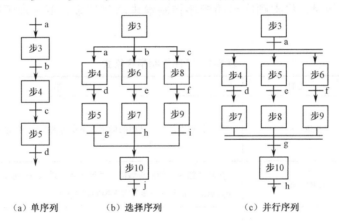

（a）单序列　　　　（b）选择序列　　　　（c）并行序列

图 5-3　顺序功能图的基本结构

5.1.4　绘制功能图应注意的问题

（1）两个步绝对不能直接相连，必须用一个转换将它们隔开。

（2）两个转换也不能直接相连，必须用一个步将它们隔开。

（3）功能表图中初始步是必不可少的，它一般对应于系统等待启动的初始状态，这一步可能没有什么动作执行，因此很容易遗漏这一步。如果没有该步，无法表示初始状态，系统也无法返回停止状态。

（4）只有当某一步所有的前级步都是活动步时，该步才有可能变成活动步。如果用无断电保持功能的编程元件代表各步，则 PLC 开始进入 RUN 方式时各步均处于"0"状态，因此必须要有初始化信号，将初始步预置为活动步，否则功能表图中永远不会出现活动步，系统将无法工作。

5.2 顺序功能图的实现方法

在 S7-200 PLC 中，当编制出控制系统的顺序功能图后，还需要以软件支持的编程方式进行编程，S7-200 PLC 提供了专门解决顺序控制编程的顺序控制指令。此外还可以采用启保停程序、置位复位指令、移位寄存器指令来进行编程。

5.2.1 利用顺序控制指令实现顺序功能图

顺序控制用 3 条指令描述程序的顺序控制步进状态，指令格式如表 5-1 所示。

（1）顺序步开始指令（LSCR）。

步开始指令，顺序控制继电器位 SX，Y=1 时，该程序步执行。

（2）顺序步结束指令（SCRE）。

SCRE 为顺序步结束指令，顺序步的处理程序在 LSCR 和 SCRE 之间。

（3）顺序步转移指令（SCRT）。

使能输入有效时，将本顺序步的顺序控制继电器位清零，下一步顺序控制继电器位置 1。

表 5-1 顺序控制指令格式

LAD	STL	说　明
??.? SCR	LSCR n	步开始指令，为步开始的标志，该步的状态元件的位置 1 时，执行该步
??.? —(SCRT)	SCRT n	步转移指令，使能有效时，关断本步，进入下一步。该指令由转换条件的接点启动，n 为下一步的顺序控制状态元件
—(SCRE)	SCRE	步结束指令，为步结束的标志

在使用顺序控制指令注意事项：

（1）步进控制指令 SCR 只对状态元件 S 有效。为了保证程序的可靠运行，驱动状态元件 S 的信号应采用短脉冲。

（2）不能把同一编号的状态元件用在不同的程序中，例如，如果在主程序中使用 S0.1，则不能在子程序中再使用。

（3）当输出需要保持时，可使用 S/R 指令。

（4）在 SCR 段中不能使用 JMP 和 LBL 指令。即不允许跳入或跳出 SCR 段，也不允许在 SCR 段内跳转。可以使用跳转和标号指令在 SCR 段周围跳转。

（5）不能在 SCR 段中使用 FOR、NEXT 和 END 指令。

【**例 5.2**】 实现红、绿灯循环显示的功能，要求循环间隔时间为 1s。使用顺序控制结构，画出顺序功能图，并用顺序控制指令编写梯形图程序。

（1）根据控制要求画出红绿灯顺序显示的功能流程如图 5-4 所示。启动条件为按钮 I0.0，步进条件为时间，状态步的动作为点红灯，熄绿灯，同时启动定时器，步进条件满足时，关断本步，进入下一步。

（2）梯形图程序如图 5-5 所示。

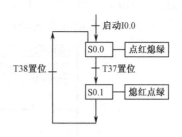

图 5-4　红绿灯顺序显示的功能流程图

分析：当 I0.0 输入有效时，启动 S0.0，执行程序的第一步，输出 Q0.0 置 1（点亮红灯），Q0.1 置 0（熄灭绿灯），同时启动定时器 T37，经过 1s，步进转移指令使得 S0.1 置 1，S0.0 置 0，程序进入第二步，输出点 Q0.1 置 1（点亮绿灯），输出点 Q0.0 置 0（熄灭红灯），同时启动定时器 T38，经过 1s，步进转移指令使得 S0.0 置 1，S0.1 置 0，程序进入第一步执行。如此周而复始，循环工作。

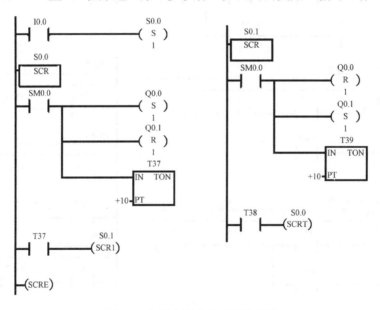

图 5-5　红绿灯顺序显示的梯形图

5.2.2　利用启保停程序实现顺序功能图

启保停电路仅仅使用与触点和线圈有关的指令，无需编程元件做中间环节，各种型号 PLC 的指令系统都有相关指令，加上该电路利用自保持，从而具有记忆功能，且与传统继电器控制电路基本相类似，因此得到了广泛的应用。这种编程方法通用性强，编程容易掌握。

【**例 5.3**】 利用启保停程序实现例 5.1 中某机床动力头的控制。

如图 5-6 所示，为实现图 5-1 顺序功能图的梯形图程序。从图中可以看出梯形图中的 M0.0～M0.3 代表功能图中四个步，在开机运行时 SM0.1 在首次扫描时给一个初始化脉冲，使 M0.0 接通并自锁，程序进入起始步。在网络 2 中当 M0.0 为活动步，I0.0 转换条件满足接通时，M0.1 接通自锁，进入 M0.1 步，同时利用 M0.1 的常闭触点断开 M0.0，并且在网络 5、网络 6 中完成该步的动作，以下各步的执行依次类推。

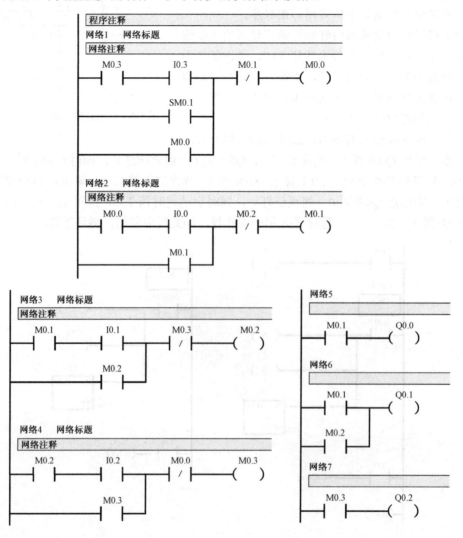

图 5-6　利用启保停电路实现某机床动力头的顺序控制

由此可以看出这种实现顺序功能图的方法非常有规律，即某步要成为活动步的条件是其上一步为活动步并且转换条件满足的前提下才可以成为活动步；为保证在整个流程中只有一步为活动步，需要利用某一步的常闭触点来使上一步转为非活动步。其通用的编程模式如图 5-7 所示。

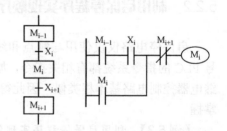

5.2.3　利用置位复位指令实现顺序功能图

图 5-7　利用启保停电路实现顺序功能图

S7-200 系列 PLC 有置位和复位指令，且对同一个线圈置位和复位指令可分开编程，所以可以实现以转换条件为中心的编程。如图 5-8 所示，要实现 X_i 对应的转换必须同时满足两个条件：前级步为活动步（$M_{i-1}=1$）和转换条件满足（$X_i=1$），所以用 M_{i-1} 和 X_i 的常开触点串联组成的电路来表示上述条件。两个条件同时满足时，该电路接通时，此时应完成两个操作：将后续步变

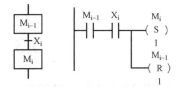

图 5-8　利用置位复位指令实现顺序功能图

为活动步（用 S 指令将 M_i 置位）和将前级步变为非活动步（用 RST　M_{i-1} 指令将 M_{i-1} 复位）。这种编程方法很有规律，每一个转换都对应一个 S/R 的电路块，有多少个转换就有多少个这样的电路块。

【例 5.4】　利用置位复位指令实现例 5.1 中某机床动力头的控制。

利用置位复位指令实现例 5.1 中某机床动力头的顺序控制所对应的梯形图如图 5-9 所示。这种编程方式与转换实现的基本规则之间有着严格的对应关系，用它编制复杂的功能图的梯形图时，更能显示出它的优越性。

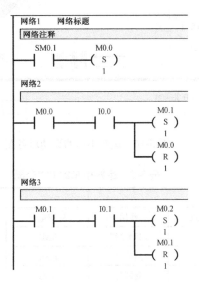

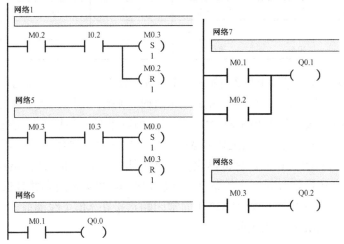

图 5-9　利用置位复位指令实现例 5.1 中某机床动力头的顺序控制

5.3 顺序功能图的应用

5.3.1 运料小车运动控制

运料小车运动分单循环运行和自动循环运行。单循环运行时，按下启动按钮，运料小车已位于最后端位置，即后限位开关 SQ1 接通，此时底门关闭，小车将向前运动到前限位开关 SQ2 处，漏斗门打开 7s，货物装入小车中。装好后小车向后运动到后限位开关 SQ1 处，小车底门打开，并延时 5s 卸货，即完成一个循环。自动循环与单循环的不同之处是不仅仅完成一个循环，而是将连续自动循环运行。图 5-10 为运料小车的运动示意图，其 I/O 分配如表 5-2。

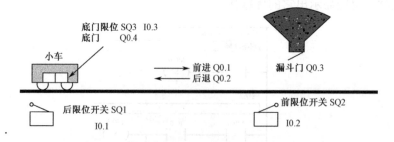

图 5-10　运料小车的运动示意图

表 5-2　运料小车的 I/O 分配

输入端口			输出端口		
外部电器	对应输入点	作用	外部电器	对应输出点	作用
SB1	I0.0	启动按钮	KM1	Q0.1	小车前进
SQ1	I0.1	后限位	KM2	Q0.2	小车后退
SQ2	I0.2	前限位	YV1	Q0.3	漏斗门
SQ3	I0.3	底门限位	YV2	Q0.4	小车底门
SA-1	I0.4	自动			
SA-2	I0.5	单循环			

运料小车的顺序功能图和梯形图如图 5-11、图 5-12 所示。当选择单循环工作方式后 I0.5 接通，开机后进入初始状态，小车在最后端位置时，后限位开关 SQ1 被压合此时 I0.1 为 ON，小车底门关闭 SQ3 动作 I0.3 为 ON，为启动做好准备，当按下启动按钮 SB1，I0.0 为 ON，然后按照流程进行工作。当工作到 M0.4 这步时，由于选择了单循环工作，所以在小车完成卸料后回到初始步 M0.0，等待再次按启动按钮。所以在梯形图的网络 1 中的第一行，可以看到 M0.4 步转换到 M0.0 步的条件是下料定时器 T39 时间到并且选择了单循环方式 I0.5ON。同时在网络 5 中可以看到 M0.0 的常闭触点接在 M0.4 线圈前，因此当完成 M0.4 到 M0.0 的转换后，M0.4 自动关断。

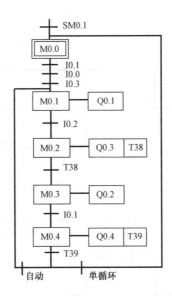

图 5-11   运料小车顺序功能图

当选择了自动循环后 I0.4 接通，小车在最后端位置时，按下启动按钮 SB1，小车自动按照顺序功能图来工作，当工作到 M0.4 这步时，由于选择了自动循环工作，所以在小车完成卸料后回到步 M0.1，循环执行顺序功能流程。所以在梯形图的网络 2 中的第二行，可以看到 M0.4 步转换到 M0.1 步的条件是下料定时器 T39 时间到并且选择了自动循环方式 I0.4ON。同时在网络 5 中可以看到 M0.1 的常闭触点接在 M0.4 线圈前，因此当完成 M0.4 到 M0.0 的转换后，M0.4 自动关断。

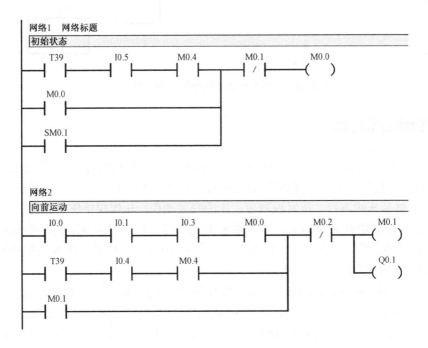

图 5-12   运料小车参考程序梯形图

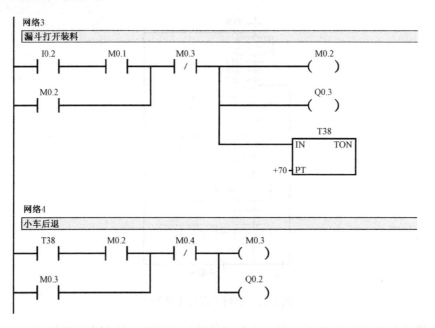

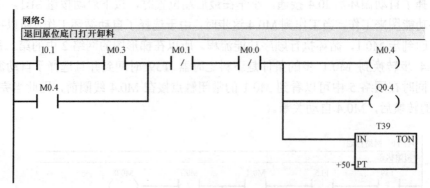

图 5-12　运料小车参考程序梯形图（续）

5.3.2　某剪板机的控制

图 5-13 是某剪板机的示意图，开始时压钳和剪刀在上限位置，限位开关 SQ1 和 SQ2 为 ON；按下启动按钮 SB1 后，剪板机的工作过程如下：首先板料被推动右行至限位开关 使 SQ4 动作；然后压钳下行，压紧板料后，压力开关动作，压钳保持压紧；剪刀开始下行 剪断板料后剪刀下限位开关 SQ4 动作，压钳和剪刀同时上行，当碰到限位开关 SQ1、SQ2 后停止上行，都停止后，又开始下一周期工作，剪完 10 块料后停止工作并停在初始状态。 剪板机控制的 I/O 分配表如表 5-3 所示。

系统的顺序功能图如图 5-14 所示，步 M0.0 是初始步。C0，用来控制剪料的次数，每 次工作循环中 C0 的当前值加 1，没有剪完 10 块料时，C0 的当前值小于设定值 10，其常闭 触点闭合，转换条件满足，将返回 M0.1 步，重新开始工作。当剪完 10 块料后，C0 当前值 等于设定值 10，其常开触点闭合，转换条件 C0 满足，将返回初始步 M0.0，等待下一次启 动命令。

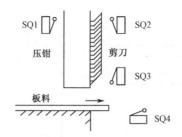

图 5-13　某剪板机的示意图

表 5-3　剪板机控制的 I/O 分配

输入端口			输出端口		
外部电器	对应输入点	作用	外部电器	对应输出点	作用
SB1	I1.0	启动按钮	YV0	Q0.0	板料右行
SQ1	I0.0	压钳上限位	YV1	Q0.1	压钳下行压料
SQ2	I0.1	剪刀上限位	YV2	Q0.2	剪刀下行剪料
SQ3	I0.2	剪刀下限位	YV3	Q0.3	剪刀上行
SQ4	I0.3	板料右行限位	YV4	Q0.4	压钳上行
S	I0.4	压力开关			

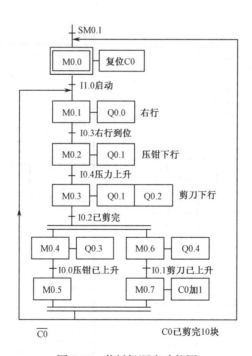

图 5-14　剪板机顺序功能图

　　步 M0.5 和 M0.7 是等待步，它们用来同时结束两个并行序列，只要步 M0.5、M0.7 都是活动步，就会发生步 M0.5、M0.7 到步 M0.0 或 M0.1 的转换，步 M0.5、M0.7 同时变为非活动步，而步 M0.0 或 M0.1 变为活动步。剪板机控制梯形图如图 5-15 所示。

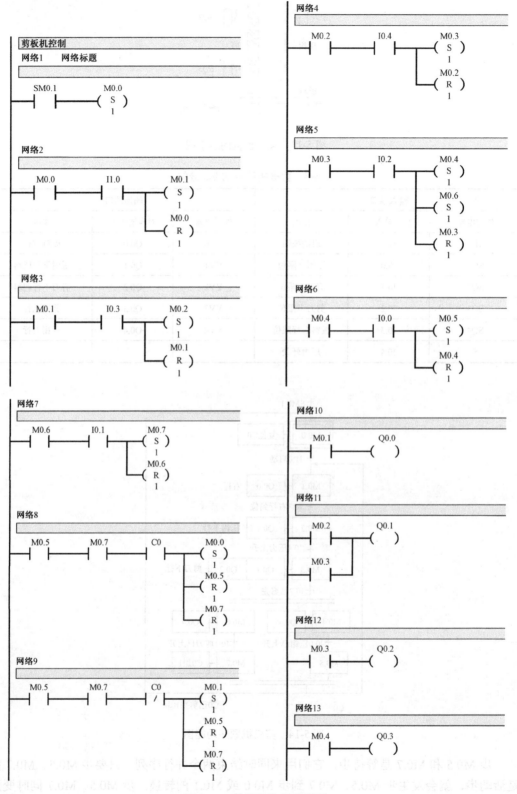

图 5-15　剪板机控制梯形图

网络14

　　M0.6　　　Q0.4
　　─┤├─────（　）

网络15

　　M0.7　　　C0
　　─┤├───┤├─┤CU　　CTU│

　　M0.0
　　─┤├──────┤R

　　　　　+10─┤PV

图 5-15　剪板机控制梯形图（续）

5.3.3　钢球分拣装置的控制

　　钢球分拣装置示意图如图 5-16 所示，当机械手臂位于初始位置时，即上限位开关 LS1 和左限位开关 LS3 被压合，抓球电磁铁处于失电状态，此时按下启动按钮后，机械臂下行，碰到下限位开关 LS2 后停止下行，且电磁铁得电吸住钢球。如果吸住的是小球，则大、小球检测开关 SQ 接通；如果吸住的是大球，则 SQ 断开。1s 后机械臂上行，碰到上限位开关 LS1 后右行，系统会根据钢球大小的不同分别在 LS4 和 LS5 处停止右行（其中 LS4 处为小球停止右行位置，LS5 处为大球停止右行位置）。然后在此下行至下限位开关处停止，电磁铁失电，机械臂把钢球放入箱内，1s 后返回。如果不按停止按钮，则机械臂一直工作下去；如果按下停止按钮，则不管何时按，机械臂最终都要停止在初始位置。再次按下启动按钮后，系统可以再次从头开始循环工作。钢球分拣装置的 I/O 分配见表 5-4。

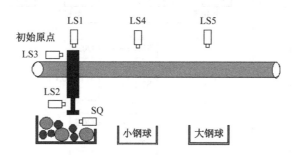

图 5-16　钢球分拣装置示意图

表 5-4　剪板机控制的 I/O 分配

输入端口			输出端口		
外部电器	对应输入点	作用	外部电器	对应输出点	作用
SB1	I0.0	启动按钮	HL	Q0.0	初始原点指示
SB2	I0.1	停止按钮	K	Q0.1	抓球电磁铁

输入端口			输出端口		
LS1	I0.2	上限位	KM1	Q0.2	下行接触器
LS2	I0.3	下限位	KM2	Q0.3	上行接触器
LS3	I0.4	左限位	KM3	Q0.4	右行接触器
LS4	I0.5	小球右限位	KM4	Q0.5	左行接触器
LS5	I0.6	大球右限位			
SQ	I0.7	大小球检测			

　　钢球分拣装置控制的顺序功能图如图 5-17 所示,这是一个单序列加选择序列控制的功能图,在一个周期中机械臂的上行出现 3 次,下行出现 2 次,右行出现 2 次,为避免双线圈输出,编程时用位存储器代替;抓球电磁铁 K 从抓到放是一个存储命令,这里用置位指令执行,其余的用线圈指令;如果不按停止按钮,则机械臂一直工作,如果按了停止按钮,则不管何时按,机械臂最终都要停止在初始位置,根据这个要求,这里用 M1.0 作为选择条件,选择回到初始原点或直接进入循环。

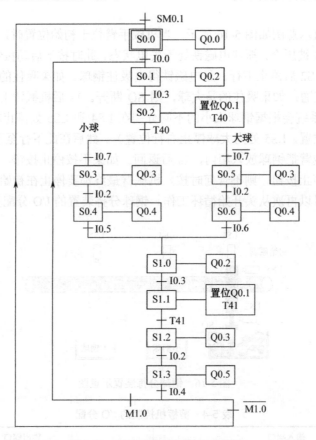

图 5-17　钢球分拣装置顺序功能图

　　钢球分拣装置控制梯形图程序如图 5-18 所示,机械臂用 SM0.1 启动,同时加了一个启动选择存储位 M1.0,选择系统是单周期操作还是循环操作。机械臂的上行出现三次,分别用 M0.1、M0.3、M0.6 标注，最后合并输出处理，其余的直接用本位线圈输出。机械臂上、下、左、右行走的控制中加上了一个软件联锁点，替代了 SM0.0。

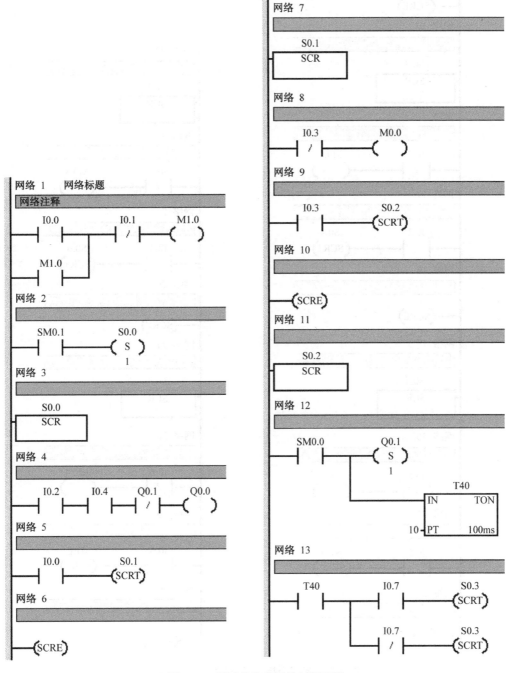

图 5-18　钢球分拣装置控制梯形图

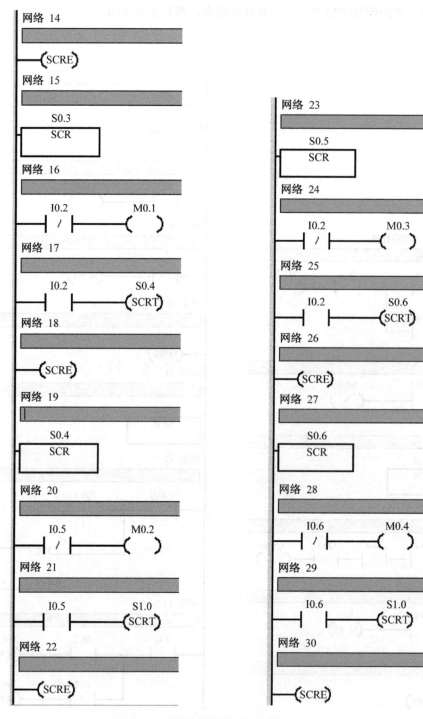

图 5-18　钢球分拣装置控制梯形图（续）

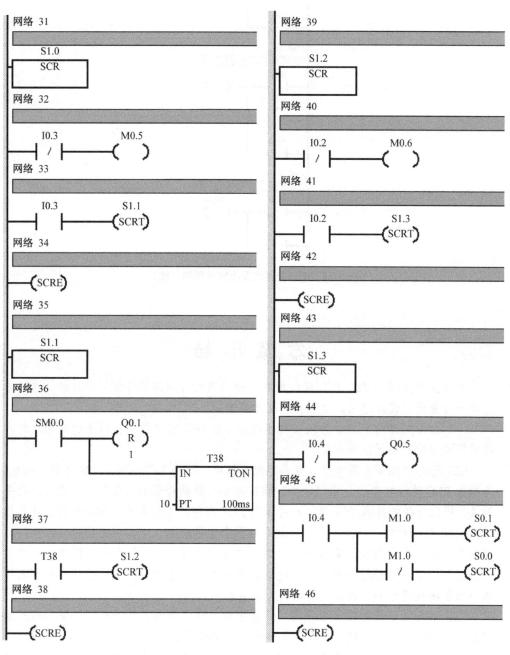

图 5-18　钢球分拣装置控制梯形图（续）

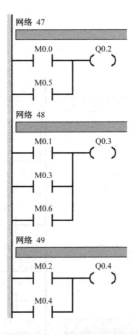

图 5-18　钢球分拣装置控制梯形图（续）

本 章 小 结

　　本章主要介绍了 PLC 程序设计中的一种通用的方法即顺序控制设计法。这种方法是一种先进的设计方法，很容易被初学者掌握。

　　（1）使用顺序控制设计方法首先要根据系统的工艺过程画出顺序功能图，然后再根据顺序功能图画出梯形图。

　　（2）顺序功能图主要由步、有向连线、转换、转换条件和动作（或命令）组成。可根据 PLC 输出状态变化来划分步。转换条件一般是外部输入信号，如按钮、指令开关、限位开关的接通/断开等，也可以是 PLC 内部产生的信号，如定时器、计数器触点的接通/断开等，转换条件也可能是若干个信号的与、或、非逻辑组合。步的活动状态的进展是由转换的实现来完成的。转换的实现应完成两个基本操作，一是使所有由有向连线与相应转换符号相连的后续步都变为活动步；二是使所有由有向连线与相应转换符号相连的前级步都变为非活动步。

　　（3）顺序功能图通常有单序列、选择序列、并行序列三种结构。在使用时注意前后步之间的转换的实现，特别是具有分支的结构要注意其执行的方式。

　　（4）可以采用顺序控制指令、启保停程序、置位复位指令等多种形式实现顺序功能图，因此在解决具体顺序控制问题时，只要能够将任务的顺序功能图描绘出来，就能够比较顺利地编写出梯形图程序。因为通过本章的例题可以看到这种编程方式是一种格式化的编程方式，非常容易掌握。

习题五

1．简述顺序功能图的组成。

2．简述划分步的原则。

3．简述转换实现的条件和转换实现时应完成的操作。

4．在画顺序功能图时应注意哪些问题？

5．如图 5-19 所示，根据顺序功能图，请用顺序控制指令、置位复位指令、启保停程序设计出梯形图程序 T37=2s。

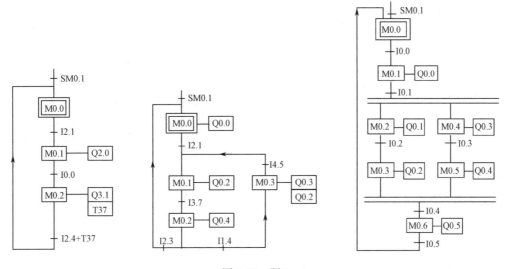

图 5-19　题 5

6．如图 5-20 所示，某机床的旋转工作台用凸轮和限位开关来实现运动控制，在初始状态时左限位开关 SQ1（I0.0）被压合，I0.0 为 ON，按下启动按钮 I0.3，Q0.0 变为 ON，电机驱动工作台沿顺时针正转，转到右限位开关 SQ2 所在位置时暂停 5s，定时时间到时 Y1 变为 ON，工作台反转，回到限位开关 SQ1 所在的初始位置时停止转动，系统回到初始状态。请设计出顺序功能图和梯形图程序。

7．如图 5-21 所示，小车在初始状态时停在中间，限位开关 I0.0 为 ON，按下启动按钮 I0.3，小车按图所示的顺序运动，最后返回并停在初始位置。画出控制系统的顺序功能图并编写出梯形图程序。

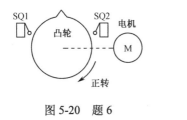

图 5-20　题 6

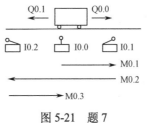

图 5-21　题 7

8. 如图 5-22 所示，图中的两条运输带顺序相连，按下启动按钮，2 号运输带开始运行，10s 后 1 号运输带自动启动。停机的顺序与启动的顺序刚好相反，间隔时间为 8s，画出顺序功能图，设计出梯形图程序。

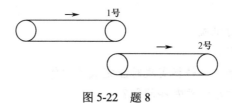

图 5-22　题 8

第 6 章

PLC 应用系统设计与实例

6.1 PLC 应用系统设计概述

6.1.1 PLC 应用系统设计的基本原则和主要内容

1. 设计原则

在进行 PLC 应用系统设计时，应遵循以下几项基本原则。

（1）要能最大限度地满足对被控对象的控制要求。在系统设计前，设计人员应深入现场进行调查研究，搜集资料，并要与机械部分的设计人员和实际操作人员密切配合，共同确定电气控制方案，协同解决设计中出现的各类问题，使设计成果满足控制要求。

（2）在能满足控制要求的前提下，尽量使设计的控制系统结构简单、使用及维修方便、性价比高。

（3）正确、合理地选择元器件。要确保设计的控制系统安全可靠。

（4）考虑到生产发展和工艺改进的需要，在进行 PLC 选型时，应适当对 I/O 点数及存储器容量留有一定余量。

2. 设计内容

PLC 应用系统设计的主要内容大致可分为以下几个部分。在实际设计时，可以根据具体任务，对以下内容进行适当增减。

（1）拟定控制系统设计的技术条件。一般以设计任务书的形式来确定，它是整个设计的依据和基础。

（2）选择电气传动的形式，以及电动机、电磁阀等执行机构。

（3）确定 PLC 的型号（即 PLC 选型）。

（4）绘制 PLC 的 I/O 分配表，以及 PLC 外部接线图和相关电气原理图。

（5）根据系统设计的要求编写软件说明书，然后利用相应的编程语言（常用梯形图语言）进行程序设计。

（6）对人机界面尽量进行人性化设计，以增强人机间的友善关系。

（7）设计操作台、电气柜及其他非标准电器元部件。

（8）编写设计及使用等相关说明书。

6.1.2　PLC 应用系统设计与调试的主要步骤

PLC 应用系统设计与调试的主要步骤如图 6-1 所示。主要有以下几个步骤。

1. 深入了解和分析被控对象的工艺条件和控制要求

被控对象是指系统中受控的机电设备、生产线或生产过程等。控制要求主要指控制的基本方式、应完成的动作、自动工作循环的组成、必要的保护及联锁等。对较复杂的控制系统，还可将控制任务分成几个独立部分进行设计化整为零，有利于编程和调试。该步骤是整个系统设计的基础。

2. 确定 I/O 设备

根据被控对象对 PLC 应用系统的功能要求，确定系统所需的用户输入元件、输出元件及由输出元件驱动的控制对象。在 PLC 控制系统中常用的输入元件有按钮、选择开关、行程开关、传感器等；常用的输出元件有继电器、接触器、指示灯、电磁阀等。当输出元件确定后，相对应的输出电源的种类、电压等级及容量就可以一并确定。

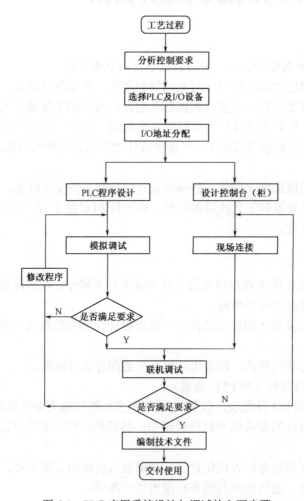

图 6-1　PLC 应用系统设计与调试的主要步骤

3．选择合适的 PLC 型号

选择 PLC 应在满足控制系统要求的前提下，在保证系统安全可靠、维护简单、性价比高、有适当的余量等原则下进行。

首先根据已确定的用户 I/O 设备，统计所需的输入和输出信号的点数。然后按既要充分发挥 PLC 的性能，又要在 PLC 的 I/O 点和内存留有余量的前提下来选择合适类型的 PLC。并按照控制要求，选取合适的 A/D、D/A、I/O 扩展、电源及显示等模块。在一般情况下，I/O 点数应留有实际应用的 10% 左右的备用量，内存容量一般要留有实际运行程序的 25% 左右的备用量。

4．I/O 地址分配

进行输入/输出点的分配，并编制输入/输出分配表或者绘制 PLC 系统外部接线图。为便于程序设计，也可以将定时器、计数器、内部辅助继电器等元件按类编制表格，写出元件名、设定值及具体作用。

完成以上内容后，就可以进行 PLC 程序设计。在程序设计的同时也可以进行控制柜（或操作台）的设计及现场施工。

5．设计应用系统的 PLC 梯形图程序

编程是指根据流程图或工作功能图表等设计出梯形图的过程。是整个 PLC 系统设计的核心部分，也是比较困难的一步。要设计梯形图，首先必须要十分熟悉系统的控制要求，同时设计人员还应具备一定的电气设计的实践经验。

6．将程序输入 PLC

将程序输入 PLC 有两种方法：一种是用手持编程器输入；另一种是用带编程软件的计算机通过通信电缆下载到 PLC。在使用手持编程器输入程序时，需使用指令表语言，比较麻烦，现在已基本不用。如今在工业现场，大多是利用编程软件在计算机上编程，然后通过连接计算机和 PLC 的通信电缆将程序直接下载到 PLC。

7．软件模拟调试

程序输入 PLC 后，应先进行模拟调试工作。因为在程序设计过程中，难免会有疏漏的地方。因此在将 PLC 连接到现场设备之前，必须进行软件调试，以排除程序中的错误。另外，软件调试时，应充分考虑实际使用时可能出现的各种故障并进行模拟调试，若不能满足的应及时修改程序。

软件模拟调试是整体调试的基础，有效的模拟调试将会缩短整体调试的周期。另外，一般编程软件都提供监控功能，可以利用监控功能进行软件调试。

8．现场调试

在以上步骤完成后，就可以进行整个系统的联机调试。把 PLC 安装到实际的控制系统中，连上实际的输入信号和负载设备，然后进行现场调试。在调试中出现的问题，要逐一排除，直至调试成功。

如果控制系统是由几个部分组成，可以先作局部调试，然后再进行整体调试。如果控

制程序的步序较多，也可先进行分段调试，然后再进行整体调试。另外，在调试中可以整定一些需调整的参数让其符合工艺要求中的技术指标。特别要注意的是，现场调试一定要在软件模拟调试通过后才能进行，以避免不必要的麻烦。

9. 编制技术文件

整理好 PLC 外部接线图、相关电气控制原理图、带注释的 PLC 软件程序和必要的文字说明、设备清单、电器布置图、电气元件明细表、操作说明书、调试流程步骤等系统技术文件。为系统交付使用及以后的维护与改进等做好准备。

6.2 PLC 应用系统常用低压电器

电器是指根据特定的信号和要求，能够自动或手动的通断电路，断续或连续地改变电路参数，从而实现对设备的控制、切换、保护、检测和调节作用的电气设备。按工作电压的等级可将电器可分为高压电器和低压电器两大类。通常将交流额定电压在 1200V 及以下、直流额定电压在 1500V 及以下的电气设备称为低压电器。下面介绍几种在 PLC 控制系统中常用到的低压电器的功能、工作原理，以及图形符号和文字符号。

6.2.1 开关电器

开关电器是最普通、使用最早的电器之一，主要是用来分合电路并通断电流的。常见的开关电器有刀开关和低压断路器等，在此只简单介绍低压断路器。

低压断路器又称自动空气开关或自动空气断路器，简称断路器。它是一种既有手动开关作用，又能自动进行失压、欠压、过载和短路保护的电器。它可用来分配电能，不频繁地启动异步电动机，对电源线路及电动机等实行保护，当它们发生严重的过载或者短路及欠压等故障时能自动切断电路，其功能相当于熔断器式开关与过欠热继电器等组合。

低压断路器按极数划分有单极、双极和三极之分，外形、结构及符号如图 6-2 所示。图右侧为低压断路器的符号，其文字符号为 QF。

低压断路器的极数与被保护线路相数相对应，其额定电压和额定电流应不小于电路的额定电压和最大工作电流。热脱扣器的整定电流应与所控制的负载的额定工作电流一致。欠电压脱扣器额定电压应等于线路的额定电压。电磁脱扣器的瞬时脱扣整定电流应大于负载电流正常工作时的最大电流。

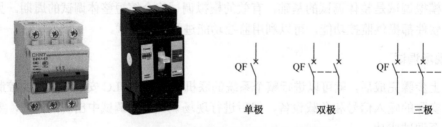

图 6-2　低压断路器外形、结构及符号

6.2.2　熔断器

熔断器主要是用于电气设备短路和过电流保护。由熔体和安装熔体的熔座组成。串联在被保护电路。其工作原理是当电流过大，产生的热量使熔体熔化从而断开电路。熔体由易熔金属材料如铅、锡、锌、银、铜及其合金制成，通常做成丝状、片状、带状或笼状。熔断器的外形、机构及符号如图 6-3 所示。

图 6-3　熔断器外形结构及符号

选择熔断器时，必须明确熔断器的类型和熔体的额定电流。主要是依据：

① 熔断器的额定电压不应小于电路的额定电压；

② 熔断器的额定电流不应小于熔体的额定电流；

③ 熔断器的极限分断能力必须大于或等于电路的最大短路电流。

6.2.3　主令电器

主令电器是一种在控制系统中专门发布控制指令的电器。常用来控制电动机的启动、停车、调速及制动等。常用的主令电器有控制按钮、行程开关、接近开关、光电开关等。

1．控制按钮

控制按钮是一种结构简单、以手动方式发出指令使电路接通或断开的电器。可以与接触器、继电器配合，实现控制线路的电气联锁。

控制按钮一般由按钮帽、复位弹簧、动触点、常开静触点、常闭静触点和外壳等部分组成。在按下按钮时，常闭触点先断开，常开触点后闭合；在释放按钮时，由于弹簧的作用，常开触点恢复开位置，常闭触点恢复闭合位置。图 6-4 所示为控制按钮的结构示意图、外形及符号。

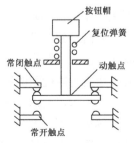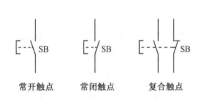

图 6-4　按钮开关结构示意图、外形及符号

控制按钮的种类很多，有揿钮式、紧急式、钥匙式、旋钮式、带灯式等多种结构形式。按钮的选择主要依据其使用场所、触点的数量、种类、颜色及尺寸等要求。根据国家标准，红色用于停止按钮，绿色用于启动按钮。

2. 行程开关

行程开关又称限位开关，是一种根据运动部件的行程位置而控制其运行方向和行程长短的主令电器。它的作用原理与按钮类似，只不过按钮是手动操作，而行程开关是运动部件接触行程开关操作的。

在实际生产中，可以将行程开关安装在被控设备行程的终点处，当控设备撞击行程开关时，行程开关的触点动作，从而实现电路的切换。

行程开关广泛用于机床、起重机械及电梯等设备中，用来控制设备的行程、进行限位保护等。行程开关的种类很多，若按其结构可分为直动式、滚轮式、微动式三种。图 6-5 所示为行程开关的外形及符号。

动合触头　　动断触头

图 6-5　行程开关的外形及符号

3. 接近式位置开关

接近式位置开关是一种非接触式的位置开关，简称接近开关。它由感应头、高频振荡器、放大器和外壳组成。是利用其对接近物体的敏感特性达到控制开关通或断的目的。当运动部件与接近开关的感应头接近时，就使其输出一个电信号。接近开关一般可分为电感式和电容式两种。

电感式传感器由振荡器、开关电路及放大输出电路三大部分组成。其组成示意图和实物如图 6-6 所示。振荡器在感应头表面会产生一个交变磁场，当金属目标接近这一磁场，并达到感应距离时，在金属目标内产生涡流，从而导致振荡衰减，以至停振。振荡器振荡的变化及停振被后级放大电路处理并转换成开关信号，触发驱动控制器件，从而达到非接触式的检测目的。值得注意的是，电感式接近开关所能检测的物体必须是导电体。

电容式接近开关的感应头是一个圆形平板电极，与振荡电路的地线形成一个分布电容。组成示意图和实物如图 6-7 所示。这种开关的感应头通常是构成电容器的一个极板，而另一个极板是开关的外壳，这个外壳在测量过程中通常是接地或与设备的机壳相连接。当有导体或其他介质接近感应头时，电容量增大而使振荡器停振，经整形放大器输出电信号。电容式接近开关既能检测金属，又能检测非金属及液体。在检测介电常数ε较低的物体时，可以顺时针调节位于开关后部的多圈电位器来增加感应灵敏度。

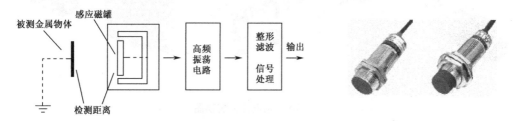

图 6-6　电感式接近开关组成示意图和实物图

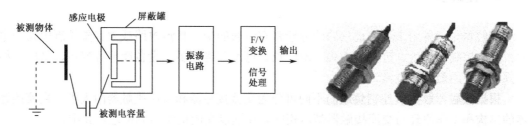

图 6-7　电容式接近开关组成示意图和实物图

4．光电接近开关

光电接近开关简称光电开关，它是利用光电效应，把发射端（发光器件）和接收端（光电器件）之间光的强弱变化转化为电流的变化以达到探测的目的。由于光电开关输出回路和输入回路是电气隔离的，所以它可以在许多场合得到应用。

光电开关对于能反射光线的物体均可检测。因为其是利用被测物体对光束的遮挡或反射，由同步回路选通电路，从而检测物体有无的。常见的光电开关有镜面反射型、对射型、漫反射型、槽式和光纤式光电开关几种类型。

漫反射光电开关原理是一种集发射器和接收器于一体的传感器，其实物如图 6-8（a）所示。当有被检测物体经过时，物体将光电开关发射器发射的足够量的光线反射到接收器，于是光电开关就产生了开关信号。其有效作用距离是由目标的反射能力决定，由目标表面性质和颜色决定；当被检测物体的表面光亮或其反光率极高时，可首选漫反射光电开关。

镜面反射型光电开关是集发射器与接收器于一体，其实物如图 6-8（b）所示。光电开关发射器发出的光线经过反射镜反射到接收器，当被测物体经过且完全阻断光线时，光电开关就产生了检测开关信号。有效距离为 0.1～20m，抗干扰能力强，可以使用在野外或者有灰尘的环境中。

对射型光电开关由发射器和接收器组成，结构上是两者相互分离的。其实物如图 6-8（c）所示。当被检测物体经过发射器和接收器之间阻断光线时，光电开关就产生开关信号。当检测物体为不透明时，对射型光电开关是最可靠的检测装置。对射型光电开关可以可靠的使用在野外或者灰尘的环境中。但装置的消耗高，两个单元都必须单独敷设电缆。

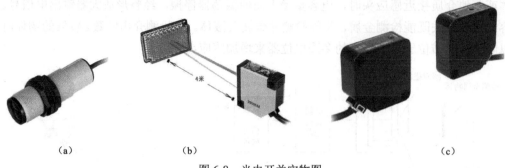

（a） （b） （c）

图 6-8 光电开关实物图

6.2.4 接触器

接触器是一种用来频繁地接通或分断带有负载的交、直流电路或大容量控制电路的电器。具有控制容量大、过载能力强、寿命长、可远距离控制、设备简单等特点，是电气控制系统中使用最广的电器元件之一。

根据接触器触头所控制负载的不同可分为交流接触器和直流接触器两大类。直流接触器的结构和工作原理与交流接触器基本相同。在这以交流接触器为例进行介绍。

如图 6-9 所示，交流接触器主要由以下四部分组成。

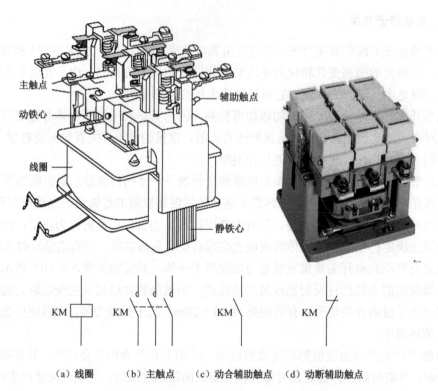

（a）线圈 （b）主触点 （c）动合辅助触点 （d）动断辅助触点

图 6-9 交流接触器内部结构、实物及符号

（1）电磁系统：由线圈、动铁心和静铁心组成。其功能是将电磁能转换成机械能，产

生电磁吸力带动触点系统动作。

（2）触点系统：由主触点和辅助触点组成。主触点通常为三对常开触点，用于接通和断开主电路。辅助触点一般常开、常闭各两对。在控制电路中完成自锁或互锁功能。

（3）灭弧装置：为了防止在通断时产生的电弧烧坏触点，一般接触器都有灭弧装置可以快速切断通断时产生的电弧。

（4）其他部件：反作用弹簧、缓冲弹簧、触点压力弹簧、传动机构、接线柱及外壳等。

接触器的工作原理是当线圈通电后，在铁心中产生磁通及电磁力。克服弹簧力使衔铁吸合，带动触点机构动作（常闭触点打开，常开触点闭合）用来实现互锁或接通线路。当线圈失电或线圈两端电压显著降低时，电磁力小于弹簧力，使衔铁释放，触点机构复位解除互锁，或断开线路。

常见的交流接触器一般有线圈、3 对主触头、2 对动合和 2 对动断辅助触头构成。主触头用于控制主电路的通和断，辅助触点是用来控制电路的，允许通过的电流一般为 5A。

交流接触器的选用，应根据负荷的类型、线圈的额定电压、主触头的额定电流等参数合理进行选择。

6.2.5　继电器

继电器是一种根据外界输入信号的变化来接通或断开控制电路，实现控制和保护任务的电器。主要是起传递信号的作用。

继电器的种类很多，按用途可分为控制用继电器和保护用继电器。按输入信号的性质可分为电压继电器、电流继电器、时间继电器、热继电器、干簧继电器、速度继电器、压力继电器等；按工作原理可分为电磁式继电器、感应式继电器、电动式继电器和电子式继电器等。

1．电磁式继电器

电磁式继电器的结构及工作原理与接触器基本相同。由电磁系统、触点系统和释放弹簧等组成。常用的电磁式继电器有电压继电器、中间继电器和电流继电器。电磁式继电器的外形、文字符号如图 6-10 所示。

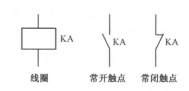

图 6-10　电磁式继电器外形及符号

电压继电器主要用于电力系统中电压保护和控制。而电流继电器主要用于电力拖动系统的电流保护和控制。两者在结构上主要区别是线圈不同，电压继电器的线圈是与负载并联的，是反映负载的电压，组成线圈的导线细并且匝数多；而电流继电器的线圈是与负载串联的，是反映负载的电流，组成线圈的导线粗并且匝数少。在使用时，前者将线圈并联接入主电路，用来感测主电路的电压，触点作为执行元件接入控制电路。后者是将线圈串联接入主电路，用来感测主电路的电流，触点作为执行元件接入控制电路。

电压、电流继电器的型号和种类很多。在选用时，要考虑线圈电压、电流的种类、动作电压、电流的大小，以及触点的数量、形式、接线等因素。

中间继电器从本质上说也是一种电压继电器，其触点对数较多，容量较大，在各种自动控制电路中起信号传递、放大、隔离、记忆、翻转等作用，所以将其称为中间继电器。选用原则与电压继电器的选用原则是相同的。

2．热继电器

热继电器是利用电流的热效应而动作的过载保护电器，主要用于电力拖动系统中电动机负载的过载保护。热继电器主要由热元件、双金属片和触点组成。热元件由发热电阻丝做成。双金属片由两种热膨胀系数不同的金属 A 和 B 复合而成，当双金属片 AB 受热时，由于 A 和 B 的热膨胀系数不同，金属片就会变成弧形，使常开触点闭合，常闭触点断开。

在进行过载保护时，可以把热元件串接于设备的主电路中，常闭触点串接于控制电路的相应位置中即可。热继电器的外形结构和符号如图 6-11 所示。

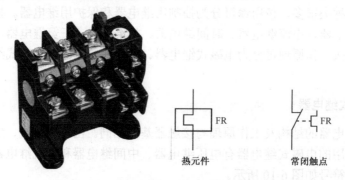

图 6-11　热继电器的外形结构及符号

在选用热继电器时，只要考虑选用的热继电器中的热元件的额定电流略大于电动机的额定电流即可。

3．时间继电器

时间继电器又称延时继电器。是一种利用电磁原理或机械动作原理实现触点延时接通或断开的电器。其结构与电磁式继电器类似。常见的有电磁式、空气阻尼式、电动式和晶体管式等形式。工作过程与 PLC 内部的定时器相同，当定时器控制信号接通时，开始计时，当定时时间到，定时器接通，常开触点闭合，常闭触点断开。

4．干簧继电器

干簧继电器是一种具有密封触点的电磁式继电器。其体积小、结构简单、灵敏度高、吸合功率小。由于触点密封，不受尘埃、潮气及有害气体污染，寿命长。

　　干簧继电器可分为线圈型和永磁型两种。其结构如图 6-12 所示。永磁型继电器由永磁体来驱动，反映非电信号。当永久磁铁接近时，干簧片被磁化，从而相互吸引。相当于常开触点闭合，反之，干簧片恢复常态。

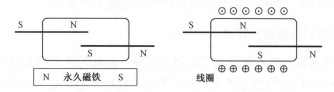

图 6-12　永磁型和线圈型干簧继电器结构示意图

　　线圈型干簧继电器主要由干簧片与励磁线圈组成。干簧片一般由铁镍合金做成，具有良好的导电性。当线圈通电后，管中两干簧片的自由端分别被磁化而相互吸引，相当于常开触点闭合。线圈断电后，干簧片恢复常态，将线路切断。

6.3　PLC 应用中若干问题

6.3.1　PLC 选型问题

　　目前，在市场上可供选用的 PLC 品牌及型号非常多。用户在进行 PLC 选型时应以满足系统功能为前提，不能盲目贪大求全而造成浪费。要全面权衡利弊、合理选型以达到经济实用的目的。一般 PLC 选型可从以下几点来进行综合考虑。

1. 根据 I/O 点数多少进行选择

　　仔细分析要设计的系统，弄清楚该系统所需要的 I/O 点数。再按实际所需点数的 10% 左右留出备用量（预留备用量是考虑到将来工艺改进及生产发展的需要）后确定所需 PLC 的点数。

　　另外，还要考虑选用的 PLC 输出点是采用何种接法。PLC 的输出点可分为共点式、分组式和隔离式几种接法。隔离式的 PLC 各组输出点间可以采用不同的电压种类和电压等级，但这种 PLC 平均每点的价格较高。如果控制系统输出信号之间不需要隔离，从成本的角度考虑，就应优先选择采用共点式或分组式输出方式的 PLC。

2. 根据存储器大小进行选择

　　选择存储器容量时应先对用户程序进行粗略的估算。在开关量控制的系统中，可以用输入总点数的 10 倍加上输出总点数的 5 倍来估算；含有计数器和定时器时，可以按每一个 3～5 字进行估算；有运算处理时按 5～10 字/量估算；在有模拟信号输入输出时，可以按每一路模拟量 100 字左右的存储容量来估算；有通信处理时按每个接口 200 字以上进行估算。最后，一般按估算的总容量的 25% 左右留有备用量。

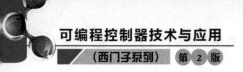

3．根据 I/O 响应时间进行选择

输入输出的响应时间包括输入延迟、输出延迟，以及扫描方式引起的延迟等。对开关量控制的系统，PLC 输入输出的响应时间一般都能满足实际要求，可不必考虑响应问题。但对模拟量控制的系统，特别是闭环系统设计时该问题不能忽视。

4．根据输出负载类型进行选择

PLC 根据输出负载的特点可分为继电器输出型、晶体管输出型及晶闸管输出型三类。不同类型的负载对 PLC 的输出方式有不同的要求。继电器输出型具有导通压降小，有隔离作用，价格相对较便宜，承受瞬时过电压和过电流的能力较强，其负载电压灵活且电压等级范围大等特点。所以动作不频繁的交、直流负载可以选择继电器输出型的 PLC。而频繁通断的感性负载，就应选择晶体管或晶闸管输出型的。

5．根据是否联网通信进行选择

若 PLC 控制系统需要联入网络，则 PLC 需具有通信联网功能，即要求 PLC 应提供可连接其他设备的相应接口。一般情况下，大、中型机和大部分小型机都具有通信功能。

6．根据 PLC 的结构进行选择

PLC 按结构可分为整体式和模块式两类。功能相似前提下，由于整体式 PLC 是把 CPU、存储器、I/O 接口电路等集成在一起，所以比模块式价格低。但模块式具有扩展灵活、维修方便、易判断故障点等优点。所以在选择结构时要根据实际要求等各方面综合考虑。

6.3.2 干扰及抗干扰措施

1．干扰来源

影响控制系统的干扰源大都产生在电流或电压剧烈变化的部位。原因主要是由于电流改变产生磁场，对设备产生电磁辐射。通常电磁干扰按干扰模式不同，分为共模干扰和差模干扰。PLC 系统中干扰的主要来源有以下几种。

（1）强电干扰：PLC 系统的正常供电电源均为电网供电。由于电网覆盖范围广，会受到所有空间电磁干扰产生在线路上的感应电压影响。尤其是电网内部的变化、大型电力设备起停、交直流传动装置引起的谐波、电网短路暂态冲击等，都会通过输电线传到电源。

（2）柜内干扰：控制柜内的高压电器，大的感性负载，杂乱的布线都容易对 PLC 造成一定程度的干扰。

（3）来自信号线引入的干扰：有两种，一是通过变送器供电电源或共用信号仪表的供电电源串入的电网干扰；二是信号线上的外部感应干扰。

（4）来自接地系统混乱时的干扰：正确的接地，既能抑制电磁干扰的影响，又能抑制设备向外发出干扰；而错误的接地，反而会引入严重的干扰信号，使 PLC 系统无法正常工作。

（5）来自 PLC 系统内部的干扰：主要由系统内部元器件及电路间的相互电磁辐射产生，

如逻辑电路相互辐射及其对模拟电路的影响等。

（6）变频器干扰：变频器启动及运行过程中产生谐波会对电网产生传导干扰，引起电压畸变，影响电网的供电质量。另外变频器的输出也会产生较强的电磁辐射干扰，影响周边设备的正常工作。

2．主要抗干扰措施

（1）采用性能优良的电源，抑制电网引入的干扰。

在 PLC 控制系统中，电源占有极重要的地位。电网干扰串入 PLC 控制系统主要是通过 PLC 系统的供电电源（如 CPU 电源、I/O 电源等）、变送器供电电源和与 PLC 系统具有直接电气连接的仪表供电电源等耦合进入的。现在对于 PLC 系统供电的电源，一般都采用隔离性能较好的电源，以减少 PLC 系统的干扰。

（2）正确选择电缆和实施分槽走线。

不同类型的信号分别由不同电缆传输，信号电缆应按传输信号种类分层敷设，严禁用同一电缆的不同导线同时传送动力电源和信号，如动力线、控制线，以及 PLC 的电源线和 I/O 线应分别配线。将 PLC 的 I/O 线和大功率线分开走线，如必须在同一线槽内，可加隔离板，将干扰降到最低限度。

（3）硬件滤波及软件抗干扰措施。

信号在接入计算机前，在信号线与地间并接电容，以减少共模干扰；在信号两极间加装滤波器可减少差模干扰。

由于电磁干扰的复杂性，要根本消除干扰影响是不可能的，因此在 PLC 控制系统的软件设计和组态时，还应在软件方面进行抗干扰处理，进一步提高系统的可靠性。常用的一些提高软件结构可靠性的措施包括：数字滤波和工频整形采样，可有效消除周期性干扰；定时校正参考点电位，并采用动态零点，可防止电位漂移；采用信息冗余技术，设计相应的软件标志位；采用间接跳转，设置软件保护等。

（4）正确选择接地点，完善接地系统。

接地的目的一是为了安全，二是可以抑制干扰。完善的接地系统是 PLC 控制系统抗电磁干扰的重要措施之一。

（5）对变频器干扰的抑制。

变频器的干扰处理一般有下面三种方式：①加隔离变压器，主要是针对来自电源的传导干扰，可以将绝大部分的传导干扰阻隔在隔离变压器之前；②使用滤波器，滤波器具有较强的抗干扰能力，还具有防止将设备本身的干扰传导给电源，有些还兼有尖峰电压吸收功能；③使用输出电抗器，在变频器到电动机之间增加交流电抗器主要是减少变频器输出在能量传输过程中线路产生电磁辐射，影响其他设备正常工作。

6.3.3　节省 I/O 点数的方法

1．节省输入点数的方法

（1）采用分组输入。在实际系统中，大都有手动操作和自动操作两种状态。由于手动

和自动不会同时操作，所以可将手动和自动信号叠加在一起。按不同控制状态进行分组输入。如图 6-13（a）所示，系统中有自动和手动两种工作方式。将这两种工作方式的输入信号分成两组：自动工作方式开关 S1、S2、S3，手动工作方式开关 S4、S5、S6。共用输入点 I0.0、I0.1、I0.7。用工作方式选择开关 SA 切换工作方式，并利用 I1.0 判断是自动方式还是手动方式。图中的二极管是为了防止出现寄生电流，产生错误输入信号而设置的。

（2）采用合并输入。在进行 PLC 外部电路设计时，尽量把某些具有相同功能的输入点串联或并联后再输入到 PLC 中。如图 6-13（b）所示，某系统有两个启动信号，3 个停止信号。可以将 2 个启动信号并联，将 3 个停止信号串联，这样不仅节省了输入点个数，而且简化了程序设计。

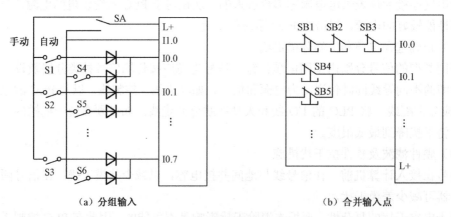

（a）分组输入　　　　　　　　　　　　（b）合并输入点

图 6-13　节省输入点数的方法

（3）将某些信号设在 PLC 的外部接线中。控制系统中的某些信号功能单一，如热继电器 FR、手动操作按钮等输入信号没有必要作为 PLC 输入信号。可以设置在 PLC 外部接线中。

2．节省输出点数的方法

（1）在输出功率允许的前提下，某些工作状态完全相同的负载可以并联在一起共用一个输出点。如在十字路口交通灯控制系统中，东边红灯和西边红灯就可以并联共用一输出点。

（2）尽量减少数字显示所需的输出点数。例如，在需要数码管显示时，可利用 CD4513 译码驱动芯片。在显示数字较多的场合，可使用 TD200 文本显示器等设备以减少输出点数。

6.4　PLC 的安装与维护

国际电工委员会（IEC）在颁布 PLC 定义时就指出 PLC 是专为工业环境下应用而设计的。所以说，PLC 是一种可靠性较高，抗干扰能力较强的工业生产控制设备，一般不需要采取什么措施，就可以直接在工业环境中使用。但和其他设备一样，也需要正确的安装和维护，本节以 S7-200 为例介绍 PLC 在安装与维护中应注意的若干问题。

6.4.1　PLC 的工作环境

1．温度

一般 PLC 要求工作环境温度在 0~55℃，保存温度在-40~85℃。所以安装时不能放在发热量大的元件上面，并且在 PLC 四周要留有空间，以利于通风散热。另外有条件的话，可以在控制柜中安装风扇，通过过滤网把自然风引进柜中以降低工作环境温度。

在低温工作环境下，可以在控制柜中安装加热器，并选择合适的温度传感器，以便在低温时自动接通电源，在高温时能自动切断电源。在控制系统不运行时，可以不关闭 PLC 模块的电源，靠其自身发热来升温。

2．湿度

为了保证 PLC 的绝缘性能，工作环境的相对湿度一般为 10%~90%。在温度变化快易发生凝结水的地方是不能安装 PLC 的。

3．振动

一般类型的 PLC 能承受的振动频率为 10~55Hz，振幅为 0.5mm，加速度为 2g，能承受的冲击为 10g。超过时，会引起 PLC 内部机械结构松动，连接器接触不良，电气部件疲劳损坏。所以应使 PLC 远离强烈的振动源，当工作环境中有强烈的振动源时，就必须采取减振措施，如采用减振胶等。

4．空气

PLC 的工作环境中不能有腐蚀或易燃的气体、粉尘、导电尘埃、水分、有机溶剂和盐分等。否则会造成 PLC 误动作、接触不良、绝缘性能变差及内部短路等故障。对于必须在这种环境下工作时，可将 PLC 安装在封闭性较好的控制室或控制柜中。

6.4.2　PLC 的安装

S7-200 既可以进行底板安装，也可以安装在标准 DIN 导轨上。底板安装是利用 PLC 机体外壳四个角上的安装孔，用螺钉将其固定在底板上。DIN 导轨安装是利用模块上的 DIN 夹子，把模块固定在一个标准的 DIN 导轨上。导轨安装既可以水平安装，也可以垂直安装。

在安装时，CPU 模块和扩展模块是通过总线连接电缆连接在一起，排成一排。在模块较多时，也可以用扩展连接电缆把两组模块分成两排进行安装，如图 6-14 所示。S7-200CPU 和扩展模块是采用自然对流散热的，每单元的上、下方均应留至少 25mm 的散热空间，与后板间的深度应大于 75mm。

模块安装到导轨上的步骤：先打开模块底部 DIN 导轨的夹子，把模块放在导轨上，再合上 DIN 夹子。然后检查一下模块是否固定好了。在进行多个模块安装时。应注意将 CPU 模块放在最左边，其他模块依次放在 CPU 的右边。在固定好各个模块后，将总线连接电缆依次连接即可。

模块拆卸步骤与其安装顺序相反，先拆除模块上的连接电缆和外部接线后，松开 DIN 导轨夹子，取下模块即可。需要注意的是，在安装或拆卸各模块前，必须先断开电源，否则有可能导致设备损坏。

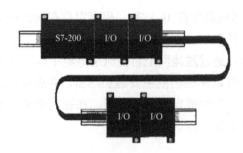

图 6-14　利用扩展连接电缆分两排安装

6.4.3　控制系统的接线

1．现场接线的要求

S7-200 是采用 0.5~1.5mm^2 的导线。在接线时导线要尽量成对使用，用一根中性或公共导线与一根控制线或信号线配合使用。将交流线和电流大且变化快的直流线与弱电信号线分隔开，在干扰较严重时应安装合适的浪涌抑制设备。

2．PLC 接地问题

良好的接地是 PLC 抗干扰的措施之一。PLC 在进行接地时最好使用专用的接地线。在必须要与其他设备共用接地系统时，要用自身的接地线直接与共用接地极相连。绝对不允许与大容量电动机，以及大功率晶闸管装置等设备共用接地系统，避免出现预想不到的电流，导致逻辑错误或损坏设备。

3．PLC 电源处理

（1）供电电源。

PLC 一般采用市电作为供电电源。电网的冲击及波动会直接影响 PLC 实时控制的可靠性。为提高系统的可靠性，可在供电系统中采用隔离变压器，以隔离供电系统中的各种干扰信号。

可用过流保护设备（如空气开关）保护 CPU 的电源和 I/O 电路，也可以为输出点分组或分点设置熔断器。

所有的地线端子集中到一起后，在最近的接地点用 1.5 mm^2 的导线一点接地。将传感器电源的 M 端子接地，可获得最佳的噪声抑制。

如果 PLC 采用 24V DC 电源供电时。一般也可用隔离变压器进行隔离。

（2）内部电源。

S7-200 的 CPU 模块提供一个 24V DC 传感器电源和一个 5V DC 电源。

24V DC 传感器电源为 CPU 模块、扩展模块和 24V DC 用户供电，如果要求的负载电流大于该电源的额定值，应增加一个 24V DC 电源为扩展模块供电。5V DC 电源是 CPU 模块为扩展模块提供的，如果扩展模块对 5V DC 电源的需求超过其额定值，必须减少扩展模块。

S7-200 的 24V DC 传感器电源不能与外部的 24V DC 电源并联使用，如果并联有可能造成其中一个电源或两个电源都失效，并使 PLC 产生不正确的操作。上述两个电源之间只能有一个连接点。

4．对感性负载的处理

感性负载有储能作用，触点断开时，电路中的感性负载会产生高于电源电压数倍甚至数十倍的反电势；触点闭合时，会因触点的抖动而产生电弧，它们都会对系统产生干扰。对此可采取以下措施：

若负载为直流的，可在负载上并联一个二极管（负极必须与电源正极相连）。该二极管可选用 1A，耐压值应大于负载电源电压的 3 倍，如图 6-15（a）所示。

若负载为交流的，可在负载上并联一个阻容吸收电路。该阻容电路电阻值可取 100～120Ω，其瓦数应大于负载电源的峰值电压和工作电流之积，电容 C 可取 0.1μF 左右，耐压值应大于负载电源峰值电压，如图 6-15（b）所示。

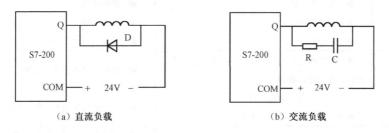

（a）直流负载　　　　　　　　　　　　（b）交流负载

图 6-15　感性负载处理

6.4.4　PLC 的检修与维护

PLC 是由半导体器件组成，长期使用后老化现象是不可避免的。所以，应对 PLC 定期进行检修与维护。

检修时间一般一年 1 到 2 次比较合适，若工作在恶劣的环境中应根据实际情况加大检修与维护的频率。

检修的主要项目有以下几个：

① 检修电源：可在电源端子处检测电压的变化范围是否在允许的±10%之间。

② 工作环境：重点检查温度、湿度、振动、粉尘、干扰等是否符合标准工作环境。

③ 输入输出用电源：可在相应端子处测量电压变化范围是否满足规格。

④ 检查各模块与模块相连的各导线及模块间的电缆是否松劲，元件是否老化。

⑤ 检查后备电池电压是否符合标准、金属部件是否锈蚀等。

在检修与维护的过程中，若发现有不符合要求的情况，应及时调整、更换、修复及记录备查。

6.4.5 PLC 的故障诊断

PLC 系统的常见故障，一方面可能来自 PLC 内部，如 CPU、存储器、电源、I/O 接口电路等；另一方面也可能来自外部设备，如各种传感器、开关及负载等。

由于 PLC 本身可靠性较高，并且具有自诊断功能，通过自诊断程序可以非常方便地找到出故障的部件。而大量的工程实践表明，外部设备的故障发生率远高于 PLC 自身的故障率。针对外部设备的故障，可以通过程序进行分析。例如，在机械手抓紧工件和松开工件的过程中，有两个相对的限位开关，这两个开关不可能同时导通，如果同时导通，说明至少有一个开关出现故障，应停止运行进行维护。在程序中，可以将这两个限位开关对应的常开触点串联来驱动一个表示限位开关故障的存储器位。如表 6-1 所示为 PLC 常见故障及其解决方法。

表 6-1　PLC 常见故障及其解决方法

问题	故障原因	解决方法
PLC 不输出	◆ 程序有错误 ◆ 输出的电气浪涌使被控设备出故障 ◆ 接线不正确 ◆ 输出过载 ◆ 强制输出	◆ 修改程序 ◆ 当接电动机等感性负载时，需接抑制电路 ◆ 检查接线 ◆ 检查负载 ◆ 检查是否有强制输出
CPU SF 灯亮	◆ 程序错误：看门狗错误 0003、间接寻址 0011、非法浮点数 0012 ◆ 电气干扰：0001~0009 ◆ 元器件故障：0001~0010	◆ 检查程序中循环、跳转、比较等指令的使用 ◆ 检查接线 ◆ 找出故障原因并更换元器件
电源故障	◆ 电源线引入过电压	◆ 把电源分析器连接到系统，检查过电压尖峰的幅值和持续时间，并给系统配置合适的抑制设备
电磁干扰问题	◆ 不合适的接地 ◆ 在控制柜中有交叉配线 ◆ 对快速信号配置了输入滤波器	◆ 进行正确的接地 ◆ 进行合理布线。把 DC24V 传感器电源的 M 端子接地 ◆ 增加输入滤波器的延迟时间
当连接一个外部设备时通信网络故障	◆ 如果所有的非隔离型设备连在一个网络中，而该网络没有一个共同的参考点。通信电缆会出现一个预想不到的电流，导致通信错误或损坏设备	◆ 检查通信网络；更换隔离型 PC/PPI 电缆；使用隔离型 RS485 中继器

6.5　PLC 应用举例

6.5.1　弯管机的控制

弯管机主要用于电力施工、锅炉、桥梁、船舶、家具、装潢等钢管的折弯，具有功能多、结构合理、操作简单等优点。弯管机在弯管时，首先使用传感器检测是否有管。若是没有管，则等待；若是有管则延时 2s 后，电磁卡盘将管子夹紧。随后检测被弯曲的管上是否安装有连接头。若没有连接头，则弯管机将管子松开推出弯管机等待下一根管子的到来。若有连接头，则弯管机在延时 5s 后，启动主电机开始弯管。弯管完成后，将弯好的管子推出弯管机。系统设有启动按钮和停止按钮，当启动按钮按下时，弯管机处于等待检测管子的状态。任何时候都可以用停止按钮停止弯管机的运行。

　　通过对弯管机的控制功能的分析，可知整个控制系统需要 2 只按钮用于系统的启动和停止，1 只管子检测和 1 只连接头检测传感器，1 只弯管到位检测开关。管子卡紧采用电磁卡盘，推管采用液压阀控制液压缸进行推管，弯管主要由弯管电机完成。该系统的 I/O 分配如表 6-2 所示。参考程序见如图 6-16 所示。

表 6-2　I/O 分配表

输入信号		输出信号	
元件名称	输入点编号	元件名称	输出点编号
停止按钮 SB1	I0.0	电磁卡盘卡紧 K	Q0.0
启动按钮 SB2	I0.1	推管液压阀接触器 KM1	Q0.1
管子检测传感器 SK1	I0.2	弯管主电机 KM2	Q0.2
连接头检测传感器 SK2	I0.3		
弯管到位检测开关 SQ	I0.4		

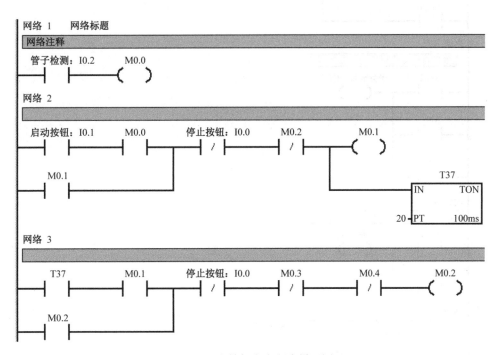

图 6-16　弯管机参考程序梯形图

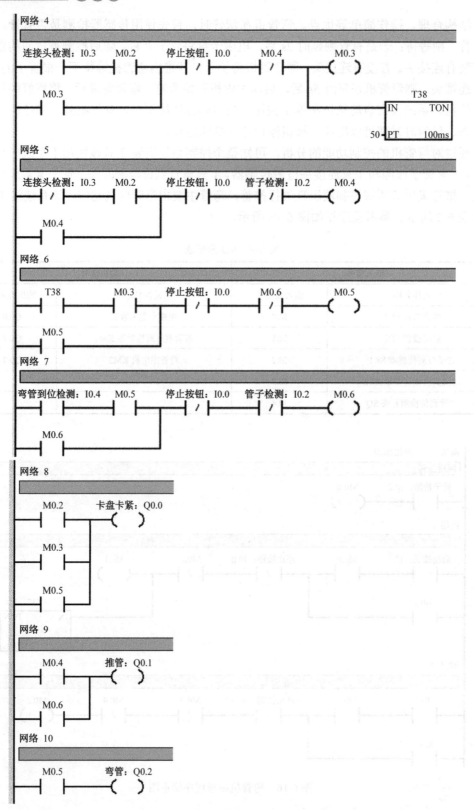

图 6-16　弯管机参考程序梯形图（续）

如图 6-16 所示，当管子检测传感器 SK1 检测到有管子时，I0.2 得电其常开触点闭合，常闭触点断开。按下启动按钮 SB2，M0.1 接通自锁，2s 后 M0.2 接通自锁，并断开 M0.1，同时接通电磁卡盘线圈 K（Q0.0），卡紧管子。随后检测管子是否有接头，如果没有接头，接头检测传感器 SK2 没有信号，M0.4 通电自锁，同时接通推管液压阀接触器 KM1（Q0.1），弯管机将管子松开推出弯管机。如果有连接头，接头检测传感器 SK2 有信号，M0.3 通电自锁，同时保持电磁卡盘卡紧，并在 5s 后使 M0.5 通电自锁，启动弯管主电动机接触器 KM2（Q0.2），弯管到位后 SQ 动作，I0.4 接通，M0.6 通电自锁，此时弯管主电机停止，电磁卡盘松开，推管液压阀接触器 KM1（Q0.1）接通，弯管机将弯好的管子推出弯管机。

6.5.2　液体混合装置的控制

对生产原料的混合操作是化工厂必不可少的工序之一。而采用 PLC 对原料的混合操作装置进行控制具有混合效率高、自动化程度高、混合质量高及对环境要求不高等特点。所以其应用较广泛。

如图 6-17 所示为某生产原料混合装置的工作示意图。用于将两种液体原料 A 和 B 按照一定的比例进行充分混合。图中 SL1、SL2、SL3 为 3 个液位传感器，当液面达到相应传感器位置时，该传感器送出 ON 信号，低于传感器位置时送出 OFF 信号。A、B 两种液体原料的流入和混合原料 C 的流出分别由电磁阀 YV1、YV2、YV3 控制。M 为搅拌电动机。液体原料混合装置的工作过程如下。

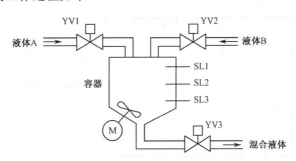

图 6-17　液体原料混合装置示意图

（1）在按下启动按钮后，装置开始按以下规定动作工作。首先打开混合原料排出的控制阀门并延时 10s 后关闭，主要是防止搅拌容器内有残液。然后电磁阀 YV1 导通，使控制原料 A 的阀门打开，原料 A 开始流入搅拌容器。

（2）当液位高度到达 SL2 时，液位传感器 SL2 触点接通，此时电磁阀 YV1 断电关闭，原料 A 的阀门停送液体 A，电磁阀 YV2 通电，打开原料 B 阀门，原料 B 流入容器。

（3）当液位高度到达 SL1 时，液位传感器 SL1 触点接通，这时电磁阀 YV2 断电关闭，原料 B 不再流入搅拌容器，同时启动电动机 M 进行搅拌。

（4）当电动机搅拌 60s 后停止，这时可认为 A、B 液体已搅拌均匀。电磁阀 YV3 通电打开，混合原料排出阀门打开，开始排放混合原料。

（5）当液面下降到 SL3 时，SL3 触点断开，再经过 10s 以后，搅拌容器排空，这时关闭混合原料阀门，为下一周期操作做准备。

通过上述工作过程的分析可知，这个系统输入点有 5 个，输出点有 4 个，输入输出点数共有 9 个。可选用 S7-200 进行控制。系统的 I/O 地址分配如表 6-3 所示。参考程序如图 6-18 所示。

表 6-3　I/O 分配表

输入信号		输出信号	
元件名称	输入点编号	元件名称	输出点编号
液位传感器 SL1	I0.0	搅拌电机 M	Q0.0
液位传感器 SL2	I0.1	原料 A 阀门 YV1	Q0.1
液位传感器 SL3	I0.2	原料 B 阀门 YV2	Q0.2
启动按钮	I0.3	混合原料 C 阀门 YV3	Q0.3
停止按钮	I0.4		

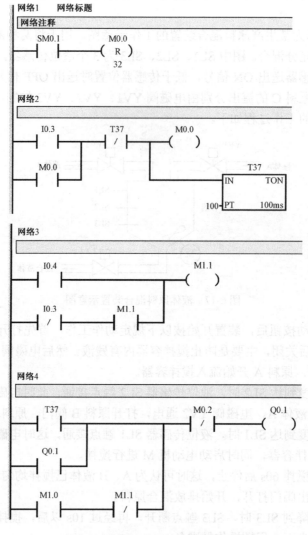

图 6-18　液体混合参考程序梯形图

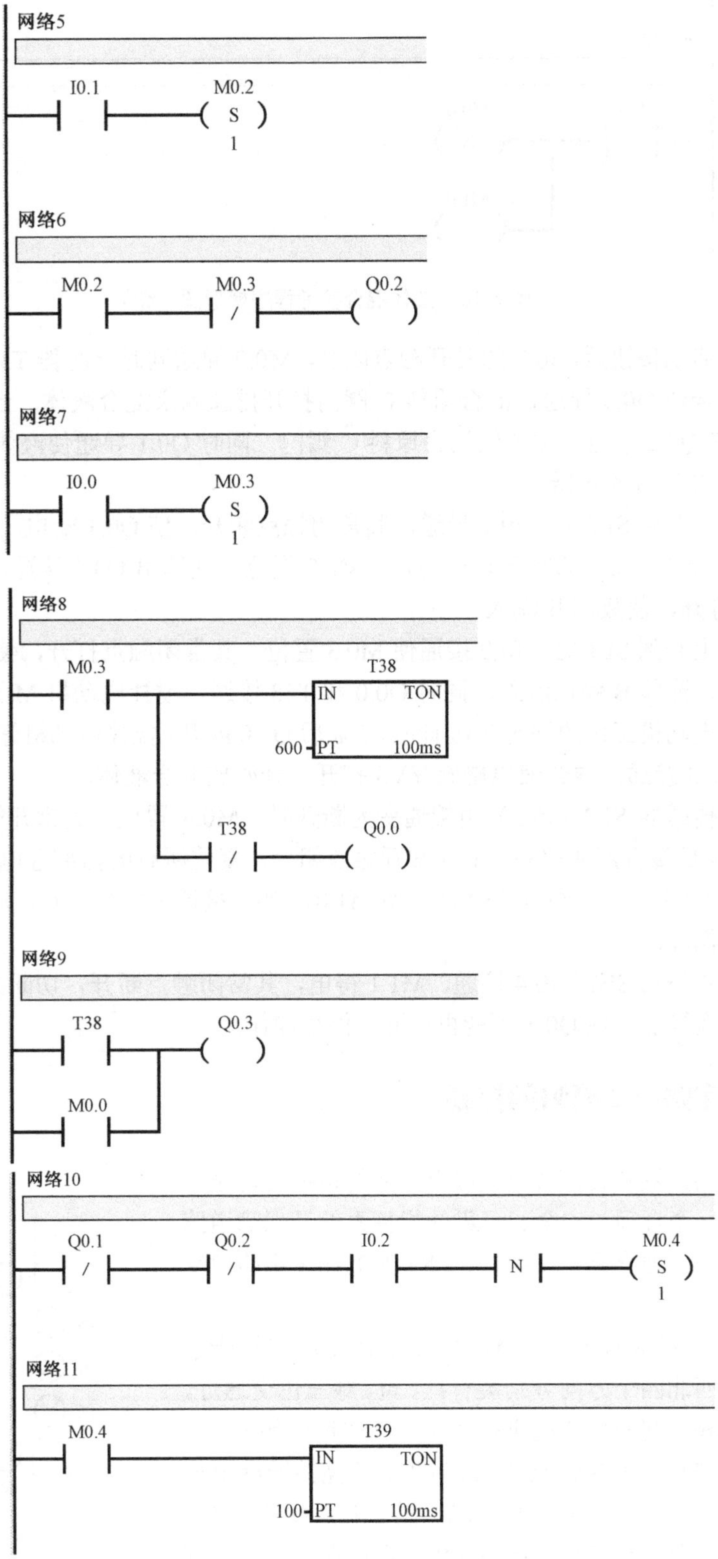

网络5

```
  I0.1          M0.2
──┤├──────────( S )
                 1
```

网络6

```
  M0.2     M0.3      Q0.2
──┤├──────┤/├───────( )
```

网络7

```
  I0.0          M0.3
──┤├──────────( S )
                 1
```

网络8

```
  M0.3                    T38
──┤├────┬────────────IN      TON
        │
        │          600─PT       100ms
        │
        │   T38          Q0.0
        └──┤/├──────────( )
```

网络9

```
  T38        Q0.3
──┤├────┬───( )
        │
  M0.0  │
──┤├────┘
```

网络10

```
  Q0.1     Q0.2     I0.2                M0.4
──┤/├─────┤/├──────┤├──────┤ N ├──────( S )
                                          1
```

网络11

```
  M0.4                T39
──┤├────────────IN      TON
               100─PT       100ms
```

图 6-18　液体混合参考程序梯形图（续）

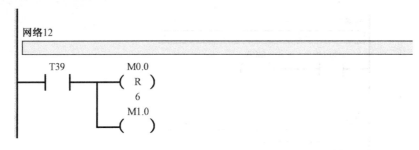

图 6-18　液体混合参考程序梯形图（续）

在按下启动按钮后，I0.3 的常开触点闭合，M0.0 导通同时定时器 T37 开始计时。M0.0 常开触点闭合使 Q0.3 导通，混合原料 C 阀门打开排放剩余混合液体，当 T37 计时 10s 后 M0.0 断电使 Q0.2 断电，即关闭混合原料 C 阀门。同时 Q0.1 导通使液体 A 电磁阀 YV1 打开，液体 A 开始流入容器。

当液面上升到 SL2 时，I0.1 导通，其常闭触点断开，使 Q0.1 断电，YV1 电磁阀关闭，液体 A 停止流入；I0.1 的常开触点闭合，M0.2 置位，使输出 Q0.1 接通，控制液体 B 的电磁阀 YV2 打开，使液体 B 流入。

当液面上升到 SL1 时，I0.0 接通使 M0.3 置位，其常闭触点打开，使 Q0.2 断开，YV2 电磁阀关闭，液体 B 停止流入，同时 Q0.0 和 T38 接通，搅拌电动机 M 开始工作。

在搅拌电动机工作的同时 T38 计时，60s 后 Q0.0 断开，搅拌电动机停止工作。同时 T38 触点控制 Q0.3 接通，混合液电磁阀 YV3 打开，开始放混合液体。

当液面传感器 SL3（I0.2）由接通变为断开时，M0.4 置位，其常开触点接通，T39 开始工作，10s 后混合液体放完，T39 常开触点闭合，复位所有的内部继电器 M，使 Q0.3 断开，电磁阀 YV3 关闭，同时 T39 常开使 M1.0、Q0.1 接通，YV1 打开，液体 A 流入，开始进入下一个循环。

按下停止按钮 SB2，I0.4 接通，M1.1 得电，其常闭触点断开，切断循环信号。在当前的操作处理完毕后，使 Q0.1 不能再接通，停止操作。

6.5.3　十字路口交通灯的控制

随着社会发展和经济飞跃，城市交通的指挥变得越来越重要，而一个合理、安全、可靠的指挥系统是保障道路通畅的前提。下面介绍一下西门子 S7-200 在十字路口交通灯中的应用。

如图 6-19 所示为一十字路口交通灯示意图。在该十字路口的东南西北四个方向分别装有红、黄、绿三色交通灯，并按照白天和夜间两种情况进行控制。具体过程如下：

当白天控制开关 SA1 合上后，南北红灯亮并维持 40s，在此期间东西绿灯亮 32s 后闪烁 5s，然后东西黄灯亮 3s。再自动切换到东西红灯亮并维持 40s，在此期间南北绿灯亮 32s 后闪烁 5s，然后南北黄灯亮 3s，如此循环往复。

图 6-19　十字路口交通灯示意图

当夜晚来临时，工作人员合上夜间控制开关 SA2 后，四个方向的黄灯闪烁，提醒过往人员慢速行驶。

另外该系统要求，东南西北四个方向的红灯不能同时亮，如果同时亮表明控制系统出了故障，报警灯亮。

根据以上工作过程可知，该系统输入点有 2 个，输出点有 7 个 。参考 I/O 地址分配如表 6-4 所示。程序如图 6-20 所示。

表 6-4　I/O 分配表

输入信号		输出信号	
元件名称	输入点编号	元件名称	输出点编号
白天控制按钮 SA1	I0.0	东西绿灯	Q0.0
夜间控制按钮 SA2	I0.1	东西黄灯	Q0.1
		东西红灯	Q0.2
		南北绿灯	Q0.3
		南北黄灯	Q0.4
		南北红灯	Q0.5
		报警信号	Q0.6

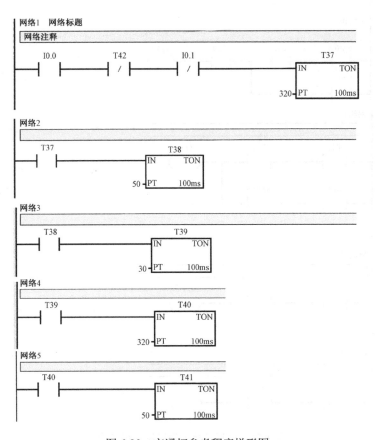

图 6-20　交通灯参考程序梯形图

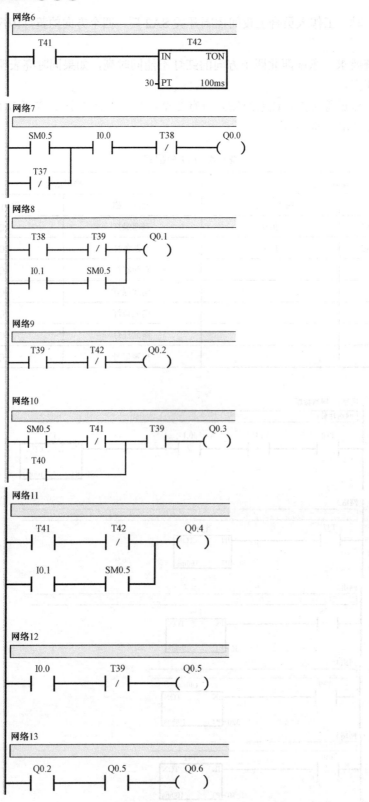

图 6-20　交通灯参考程序梯形图（续）

当白天控制开关 SA1 合上后，I0.0 导通，使开始计时，Q0.0~Q0.5 六个输出信号根据六个定时器的常开与常闭控制四个方向的交通灯按正常时序动作。

当 SA2 合上后，T37~T42 六个定时器依次被复位并不再定时，I0.1 的常开触点闭合并与上 SM0.5 使四盏黄灯持续闪烁。

当 Q0.2 和 Q0.5 同时导通后，Q0.6 也导通报警灯亮。

6.5.4　自动装箱生产线的控制

自动装箱生产线示意图如图 6-21 所示，控制要求如下。

（1）按下 SB1 启动系统，传送带 2 启动运行，当箱子进入定位位置，SQ1 动作，传送带 2 停止。

（2）SQ1 动作后延时 1s，启动传送带 1 物品逐一落入箱内，由 B1 检测物品，在物品通过时发出脉冲信号。

（3）落入箱内达到 10 个，传送带 1 停止，同时启动传送带 2……。

（4）按下停止按钮，传送带 1、2 均停止。

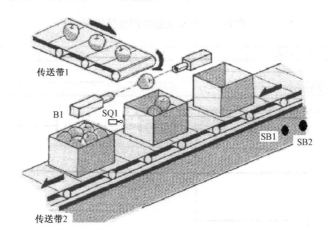

图 6-21　自动装箱生产线示意图

自动装箱生产线控制系统的 I/O 分配表和接线图，如表 6-5 和图 6-22 所示。

表 6-5　自动装箱生产线 I/O 元件分配表

输入端口			输出端口		
外部电器	对应输入点	作用	外部电器	对应输出点	作用
SB1	I0.1	启动按钮	KM1	Q0.1	传送带 1 电机驱动
SB2	I0.2	停止按钮	KM2	Q0.2	传送带 2 电机驱动
B1	I0.3	光电开关			
SQ1	I0.4	位置开关			

如图 6-23 所示，自动装箱生产线参考程序梯形图。按下 SB1，I0.1 接通，M0.1 接通使得 Q0.2 接通，传送带 2 启动运行，当箱子进入定位位置，SQ1 动作，I0.4 接通，M0.1 断

电，Q0.2 断电传送带 2 停止。同时 M0.2 通电自锁，通过 T37 延时 1s 后，M0.3 通电自锁使 Q0.1 通电，启动传送带 1 物品逐一落入箱内，由 B1 检测物品，在物品通过时发出脉冲信号，并由计数器计数。落入箱内达到 10 个，计数器 C20 的状态位接通，启动传送带 2，同时传送带 1 停止。按下停止按钮，传送带 1、2 均停止。

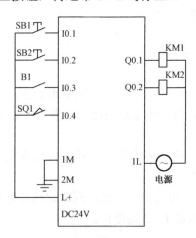

图 6-22　自动装箱生产线接线图

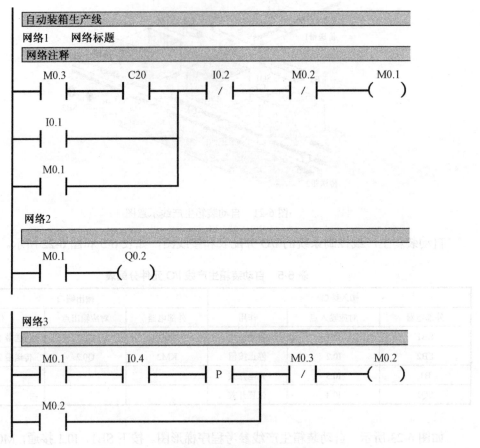

图 6-23　自动装箱生产线参考程序梯形图

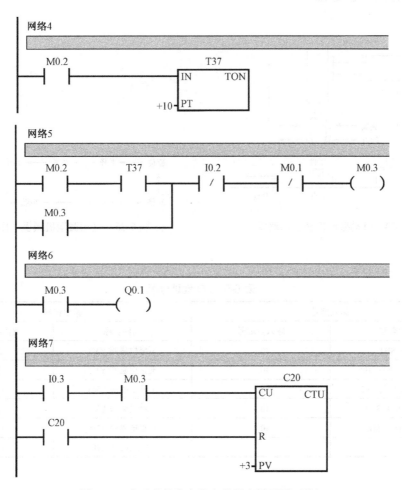

图 6-23　自动装箱生产线参考程序梯形图（续）

6.5.5　生产线气动搬运机械手的控制

　　机械手在工业加工及控制中经常使用，具有效率高、安全可靠、能适应恶劣环境等优点，应用很广泛。下面介绍西门子 S7-200 在气动机械手中的应用。

　　设计如图 6-24 所示的气动搬运机械手控制程序。该机械手的作用是将工件由 A 处传送到 B 处。其上升、下降、左移和右移的执行是利用双线圈二位电磁阀推动气缸完成。由于采用气动控制，只要某个电磁阀线圈通电，就一直保持对应的机械动作不变，直到相反动作的电磁阀通电为止。例如，一旦上升的电磁阀线圈通电，机械手上升，即使线圈再断电，仍保持现有的上升动作状态，直到相反方向下降的线圈通电为止。另外，夹紧与放松由单线圈二位电磁阀推动气缸完成，线圈通电执行夹紧动作，线圈断电时执行放松动作。要求设备上装有上、下、左和右四个限位开关：即 SQ2、SQ1、SQ4、SQ3。机械手的工作过程如图 6-25 所示，共有八个动作。

　　按照控制要求，列出气动搬运机械手的输入、输出信号及 I/O 地址分配，如表 6-5 所示。根据 I/O 分配，该系统的外部接线图，参考图如图 6-26 所示；其控制程序，参考程序梯形图如图 6-27 所示。

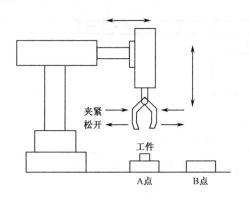

图 6-24　气动搬运机械手示意图

图 6-25　气动搬运机械手工作过程

表 6-5　I/O 地址分配

输入信号		输出信号	
元件名称	输入点编号	元件名称	输出点编号
启动 SB1	I0.0	下降电磁阀 YV1	Q0.0
下降限位开关 SB2	I0.1	夹紧电磁阀 YV2	Q0.1
上升限位开关 SB3	I0.2	上升电磁阀 YV3	Q0.2
右限位开关 SB4	I0.3	右移电磁阀 YV4	Q0.3
左限位开关 SB5	I0.4	左移电磁阀 YV5	Q0.4
		原位指示灯 HL	Q0.5

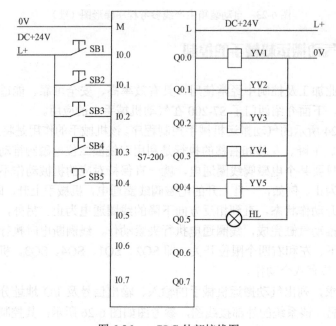

图 6-26　　PLC 外部接线图

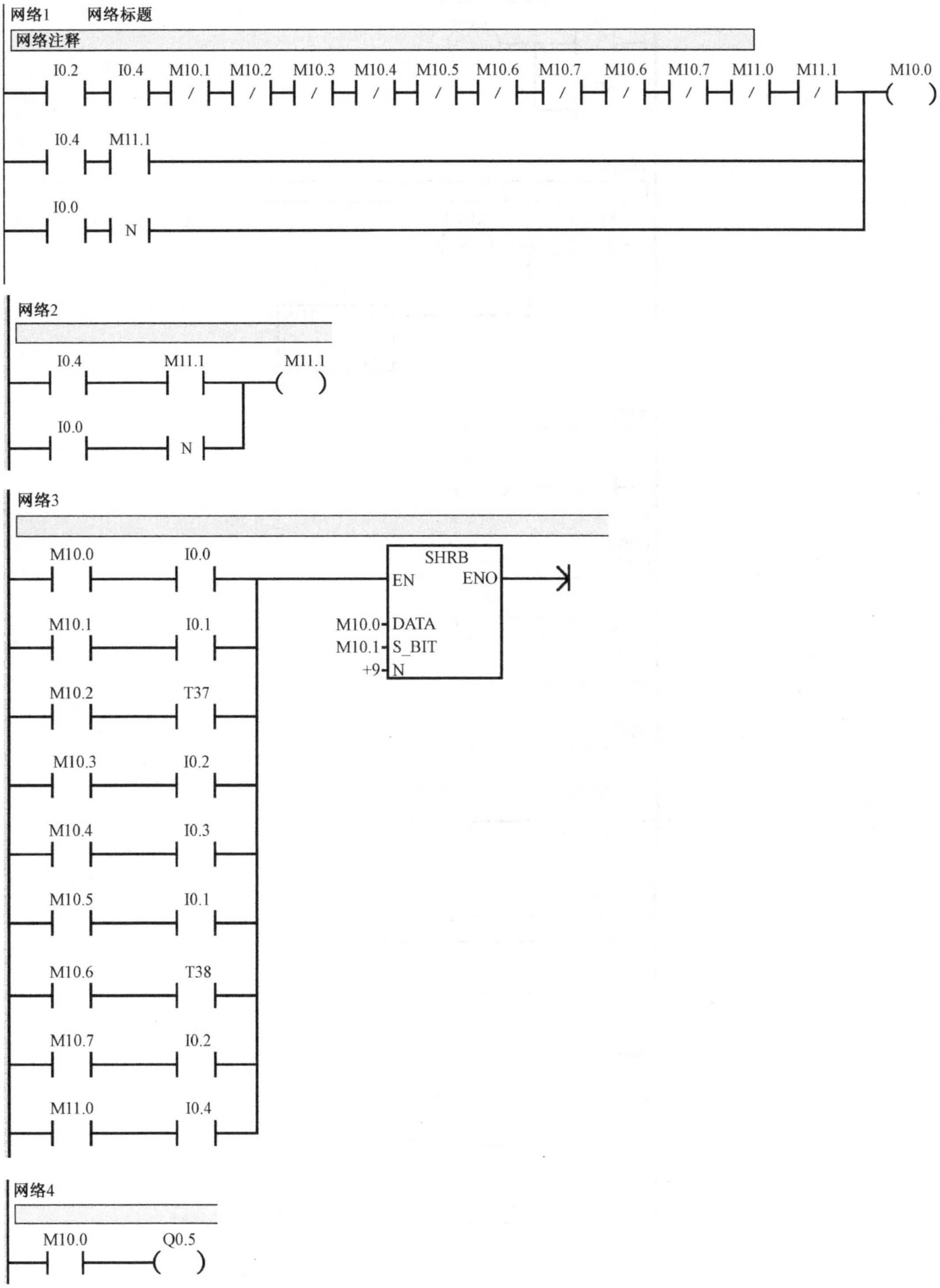

图 6-27 气动搬运机械手控制参考程序梯形图

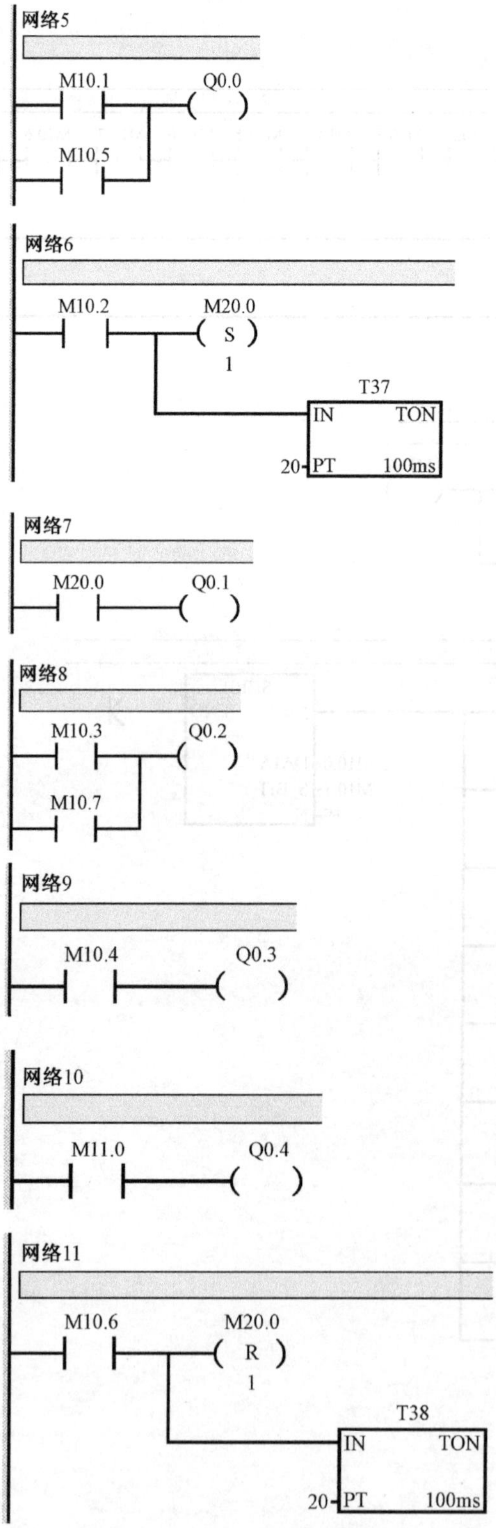

网络5

M10.1   Q0.0
├─┤ ├─┬─( )

M10.5
├─┤ ├─┘

网络6

M10.2   M20.0
├─┤ ├─┬─(S)
│   1

│   T37
└─────────┤IN   TON
           20─PT   100ms

网络7

M20.0   Q0.1
├─┤ ├─( )

网络8

M10.3   Q0.2
├─┤ ├─┬─( )

M10.7
├─┤ ├─┘

网络9

M10.4   Q0.3
├─┤ ├─( )

网络10

M11.0   Q0.4
├─┤ ├─( )

网络11

M10.6   M20.0
├─┤ ├─┬─(R)
│   1

│   T38
└─────────┤IN   TON
           20─PT   100ms

图 6-27　气动搬运机械手控制参考程序梯形图（续）

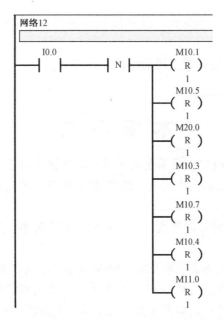

图 6-27　气动搬运机械手控制参考程序梯形图（续）

当机械手处于原位时，上升限位开关 I0.2 和左限位开关 I0.4 均导通，移位寄存器数据输入端接通，使 M10.0 置"1"，Q0.5 线圈接通，原位指示灯亮。

按下启动按钮 SB1，产生移位信号，M10.0 中的 1 移至 M10.1 中，下降电磁阀 Q0.0 接通，执行下降动作，由于上升限位开关 I0.2 断开，M10.0 置"0"，原位指示灯灭。

当下降到位时，下限位开关 SQ1 接通，产生移位信号，M10.0 中的 0 移位到 M10.1 中，下降电磁阀 Q0.0 断开，机械手停止下降，M10.1 中的 1 移到 M10.2 中，M20.0 线圈接通，M20.0 动合触点闭合，夹紧电磁阀 Q0.1 接通，执行夹紧动作，同时启动定时器 T37，延时 2 秒。

当机械手夹紧工件后，T37 动合触点接通，产生移位信号，使 M10.3 置位，0 移位至 M10.2，上升电磁阀 Q0.2 接通，I0.1 断开，执行上升动作。由于使用了置位指令，M20.0 保持使 Q0.1 保持接通，机械手继续夹紧工件。

当上升到位时，上限位开关 I0.2 接通，产生移位信号，0 移位至 M10.3，Q0.2 线圈断开，不再上升，同时移位信号使 M10.4 置 1，Q0.4 断开，右移阀继电器 Q0.3 接通，执行右移动作。

待移至右限位开关动作位置，I0.3 动合触点接通，产生移位信号，使 M10.3 的 0 移位到 M10.4，Q0.3 线圈断开，停止右移，同时 M10.4 的 1 已移到 M10.5，Q0.0 线圈再次接通，执行下降动作。

当下降到使 I0.1 动合触点接通位置，产生移位信号，0 移至 M10.5，1 移至 M10.6，Q0.0 线圈断开，停止下降，复位指令使 M20.0 复位，Q0.1 线圈断开，机械手松开工件；同时 T38 启动延时 2s，T1 动合触点接通，产生移位信号，使 M10.6 变为 0，M10.7 为 1，Q0.2 线圈再度接通，I0.1 断开，机械手又上升，行至上限位置，I0.2 触点接通，M10.7 变为 0，M11.2 为 1，I0.2 线圈断开，停止上升，Q0.4 线圈接通，I0.3 断开，左移。

到达左限位开关位置，I0.4 触点接通，M11.2 变为 0，M11.3 为 1，移位寄存器全部复位，Q0.4 线圈断开，机械手回到原位，由于 I0.2、I0.4 均接通，M10.0 又被置 1，完成一个工作周期。

当再次按下启动按钮，将重复上述动作。

本 章 小 结

本章主要是介绍了 PLC 应用系统设计原则、步骤和内容，PLC 系统中常用的低压电器及系统设计中常见的几个问题，PLC 的安装与维护，并通过几个实例予以说明。

（1）PLC 控制系统设计的原则：满足要求、结构简单、安全可靠、并且要有适当的可扩展性。

（2）低压电器是指交流额定电压在 1200V 及以下、直流额定电压在 1500V 及以下的电气设备。我们要掌握几种在 PLC 控制系统中常用到的低压电器的功能、工作原理、图形符号和文字符号，如刀开关、继电器、接触器、主令电器等。

（3）PLC 系统设计时应注意以下几个问题：如何进行 PLC 选型、系统中干扰的来源以及抗干扰的措施、如何节省 I/O 点数等。

（4）PLC 虽然是一种可靠性较高，抗干扰能力较强的工业生产控制设备，但和其他设备一样，也需要正确的安装和维护，要掌握 PLC 在安装与维护中应注意的一些问题。

 习题六

1．PLC 系统设计一般可分为几个步骤？

2．PLC 选型时应综合考虑哪些因素？

3．PLC 在使用时应注意哪些问题？

4．应如何估算 PLC 系统中用户程序的容量？

5．编制梯形图以完成以下控制要求：南北红灯亮并维持 25s，在此期间东西绿灯亮 20s 后闪烁 3s（亮 0.5s 熄 0.5s），然后东西黄灯亮 2s。再自动切换到东西红灯亮并维持 25s，在此期间南北绿灯亮 20s 后闪烁 3s（亮 0.5s 熄 0.5s），然后南北黄灯亮 2s，如此循环往复。直到停止按钮被按下为止。

6．某一生产线的末端有一台三级皮带运输机，分别由 M1、M2、M3 三台电动机拖动，启动时要求按 10s 的时间间隔，并按 M1→M2→M3 的顺序启动；停止时按 15s 的时间间隔，并按 M3→M2→M1 的顺序停止。皮带运输机的启动和停止分别由启动按钮和停止按钮来控制。

7．要求利用西门子 S7-200 PLC 设计控制要求如下的一台自动售货机。假设该系统中汽水 2 元 1 杯，咖啡 3 元 1 杯。

（1）此售货机可投 1 角、5 角或 1 元硬币；

（2）当投入的硬币总值超过 2 元时汽水按钮指示灯亮；当投入的硬币总值超过 3 元时汽水和咖啡按钮指示灯都亮；

（3）当汽水按钮指示灯亮时，按汽水按钮则汽水排出，8s 后自动停止，在这段时间内汽水指示灯闪烁；

（4）当咖啡按钮指示灯亮时，按咖啡按钮则咖啡排出，8s 后自动停止，在这段时间内咖啡指示灯闪烁；

（5）若投入硬币总值超过所购买饮料的价格（汽水 2 元、咖啡 3 元）时找钱指示灯亮并退出多余的钱。

习题参考答案

习题一　参　考　答　案

1. PLC 是一种专门为在工业环境下应用而设计的数字运算操作的电子装置。它采用可以编制程序的存储器，用来在其内部存储执行逻辑运算、顺序运算、计时、计数和算术运算等操作的指令，并能通过数字式或模拟式的输入和输出，控制各种类型的机械或生产过程。PLC 及其有关的外围设备都应该按易于与工业控制系统形成一个整体，易于扩展其功能的原则而设计。

2. 可靠性高，抗干扰能力强；编程简单易学；配套齐全，功能完善，适用性强；控制系统的设计、安装工作量小，维护方便，容易改造；体积小，重量轻，能耗低。

3. PLC 的种类很多，性能和规格都有很大差别。通常根据 PLC 的结构形式、控制规模和功能来进行分类。按结构形式可分为整体式和模块式两种。按控制规模可分为小型 PLC，其 I/O 点数一般在 128 点以下，采用整体式；中型 PLC 采用模块化结构，其 I/O 点数一般在 256~2048 点之间；大型 PLC 其 I/O 点数在 2048 点以上。按功能可分为低档、中档、高档 PLC。

4. PLC 的硬件系统由 CPU 模块（主机系统）、输入/输出（I/O）扩展环节及外部设备组成。

5. PLC 提供了多种操作电平和驱动能力的 I/O 接口，有各种各样功能的 I/O 接口供用户选用，主要类型有开关量输入（DI），开关量输出（DO），模拟量输入（AI），模拟量输出（AO）等模块。常用的开关量输入接口按其使用的电源不同有三种类型：直流输入接口、交流输入接口和交/直流输入接口。常用的开关量输出接口模块按输出开关器件不同有三种类型：继电器输出接口、晶体管输出接口和双向晶闸管输出接口。

6. 当 PLC 运行时，是通过执行反映控制要求的用户程序来完成控制任务的，需要执行众多的操作，但 CPU 不可能同时去执行多个操作，它只能按分时操作（串行工作）方式，每一次执行一个操作，按顺序逐个执行。由于 CPU 的运算处理速度很快，所以从宏观上来看，PLC 外部出现的结果似乎是同时（并行）完成的。这种串行工作过程称为 PLC 的扫描工作方式。扫描工作方式在执行用户程序时，是从第一条程序开始，在无中断或跳转控制的情况下，按程序存储顺序的先后，逐条执行用户程序，直到程序结束。然后再从头开始扫描执行，周而复始重复运行。一般小型 PLC 采用循环扫描的工作方式。程序执行的过程分为三个阶段，即输入采样阶段、程序执行阶段、输出刷新阶段，

7. S7-200 PLC 的工作方式有 RUN、TERM 和 STOP 工作模式。改变 S7-200 CPU 工作方式的方法有①使用工作方式开关改变工作方式；②用编程软件改变工作方式，把方式开关拨到 TERM，可以用 STEP7-Micro/WIN 编程软件工具条上的 ▶ 按钮控制 CPU 的运行，

用■按钮控制 CPU 的停止；③在程序中用指令改变工作方式，在程序中插入 STOP 指令，可在条件满足时将 CPU 设置为停止模式。

8.

（1）应用范围：微型计算机除了用于控制领域外，其主要是用于科学计算数据处理、计算机通信等方面。而 PLC 主要用于工业控制。

（2）使用环境：微型计算机对环境要求较高。一般要在干扰小，具有一定温度和湿度要求的机房内使用。而 PLC 适用于工业现场环境。

（3）输入和输出：微型计算机系统的 I/O 设备与主机之间采用弱电联系，一般不需电气隔离。但外部控制信号需经 A/D、D/A 转换后方可与微型计算机相连。PLC 一般可控制强电设备，无需再做 A/D、D/A 转换接口，且 PLC 内部有光-电耦合电路进行电气隔离，输出采用继电器，晶闸管或大功率晶体管进行功率放大。

（4）程序设计：微型计算机具有丰富的程序设计语言，要求使用者具有一定的计算机硬件和软件知识。PLC 有面向工程技术人员的梯形图语言和语句表，一些高级 PLC 也具有高级编程语言。

（5）系统功能：微型计算机系统一般配有较强的系统软件，并有丰富的应用软件，而 PLC 的软件则相对简单。

（6）运算速度和存储容量：微型计算机运算速度快，一般为微秒级，为适应大的系统软件和丰富的应用软件，其存储容量很大。PLC 因接口的响应速度慢而影响数据处理速度，PLC 的软件少，编程也短，内存容量小。

9. PLC 最初是为了取代继电器控制系统而出现的一种新型的工业控制装置，与继电器控制系统相比，有许多相似之处，也有许多不同。主要体现在以下几个方面：组成的器件、触点的数量、控制方法、工作方式、控制速度、定时和计数控制、可靠性和可维护性。

习题二　参　考　答　案

1. 目前 S7-200 PLC 的 CPU 有：CPU221、CPU222、CPU224、CPU226 和 CPU226XM。

2. 工作模式选择开关、模拟电位器、扩展端口、状态 LED、I/O 状态、可选卡插槽、接线端子排。

3. S7-200 PLC 的工作方式选择开关有 RUN、TERM 和 STOP 工作模式。改变 S7-200 CPU 工作方式的方法有①使用工作方式开关改变工作方式；②用编程软件改变工作方式，把方式开关拨到 TERM，可以用 STEP7-Micro/WIN 编程软件工具条上的▶按钮控制 CPU 的运行，用■按钮控制 CPU 的停止；③在程序中用指令改变工作方式，在程序中插入 STOP 指令，可在条件满足时将 CPU 设置为停止模式。

4. S7-200 PLC 常见的扩展模块主要有数字量 I/O 模块（EM221、EM222、EM223）、模拟量 I/O 模块（EM231、EM232、EM235）。

5. 浏览条、指令树、程序编辑窗口、输出窗口。

6. 将 PC/PPI 电缆 RS-232 端连接到计算机的 COM1 或 COM2 口上，RS-485 端连接到

S7-200 PLC 的通信口上（PORT0 或 PORT1）。PC/PPI 电缆中间有通信模块，可以通过拨 DIP 开关设置通信的波特率，系统默认值为 9.6kbps。

7．程序的下载①程序在被下载至 PLC 之前，PLC 应置于"停止"模式。②单击工具条中的"下载"按钮 ，或选择"文件"→"下载"，出现"下载"对话框。③单击"确定"，开始下载程序。如果下载成功，一个确认框会显示以下信息："下载成功"下载成功后，在 PLC 中运行程序之前，必须将 PLC 从 STOP（停止）模式转换回 RUN（运行）模式。单击工具条中的"运行"按钮 ，或选择"PLC"→"运行"，使 PLC 进入 RUN（运行）模式。上载是指将 PLC 中的项目元件上载到 STEP7-Micro/WIN 32 程序编辑器。方法是单击"上载"按钮 。选择菜单命令"文件"→"上载"。按快捷键组合 Ctrl+U。

8．PLC 处于运行方式并与计算机建立起通信后，单击工具条的"程序状态"按钮 ，可在梯形图中显示出各元件的状态。而且还可显示"强迫状态"的资料，允许用户从程序编辑器"强迫"或"非强迫"一个位。在"程序状态"下，某一处触点变为深色，表示该触点接通，能流可以流过；某一处输出线圈变为深色，表示能流流入该线圈，线圈有输出。对于方框指令，在"程序状态"下，输入操作数和输出操作数不再是地址，而是具体的数值，定时器和计数器指令中的 Txx 或 Cxxx 显示实际的定时值和计数值。

9．导出 S7-200 的程序代码；启动仿真软件；PLC 配置；载入程序；仿真调试程序；监视变量。

习题三　参考答案

1．梯形图（LAD）、功能块图（FBD）、结构文本语言（STL）三种编程语言。

2．S7-200 PLC 的一个程序块由可执行代码和注释组成。可执行代码由主程序和若干子程序或者中断服务程序组成。

3．S7-200 PLC 编址方式有位编址方式、字节编址方式、字编址方式、双字编址方式。寻址通常采用直接寻址、间接寻址的方式。S7-200 PLC 内部元件有输入继电器 I、输出继电器 Q、通用辅助继电器 M、特殊辅助继电器 SM（特殊标志位存储器）、变量存储器 V、局部变量存储器 L、定时器 T、计数器 C、高速计数器 HC、累加器 AC、顺序控制继电器、模拟量输入\输出映像寄存器（AI/AQ）。

4．SM0.0 该位总是为"ON"。SM0.1 首次扫描循环时该位为"ON"。

5．

（1）PLC 内部元器件触点的使用次数是无限制的。

（2）梯形图的每一行都是从左边母线开始，然后是各种触点的逻辑连接，最后以线圈或指令盒结束。

（3）线圈和指令盒一般不能直接连接在左边的母线上，如需要的话可通过特殊的中间继电器 SM0.0（常 ON 特殊中间继电器）完成。

（4）在同一程序中，同一编号的线圈使用两次及两次以上称为双线圈输出。双线圈输出非常容易引起误动作，所以应避免使用。S7-200 PLC 中不允许双线圈输出。

（5）在手工编写梯形图程序时，触点应画在水平线上，从习惯和美观的角度来讲，不要画在垂直线上。使用编程软件则不可能把触点画在垂直线上。

（6）不包含触点的分支线条应放在垂直方向，不要放在水平方向，以便于读图和美观。

（7）应把串联多的电路块尽量放在最上边，把并联多的电路块尽量放在最左边。

6.

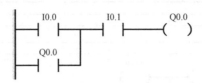

7. S7-200 CPU 22X 系列 PLC 有 256 个定时器，按工作方式分有通电延时定时器（TON）、断电延时型定时器（TOF）、记忆型通电延时定时器（TONR）。有 1ms、10ms、100ms 三种时基标准，有 1ms 定时器、10ms 定时器、100ms 定时器。

8. S7-200 系列 PLC 有三类计数器：CTU-加计数器、CTUD-加/减计数器、CTD-减计数。

9.

输入		输出	
启动	I0.0	灯	Q0.0

程序注释
网络1　网络标题
网络注释

```
   I0.0                    I0.1              M0.0
 --| |----+----------------|/|----+---------( )
          |                       |
   M0.1   |                       |          T37
 --| |----+                       +------| IN      TON |
          |                              |            |
   T38    |                         30 --| PT  100 ms |
 --| |----+
```

网络2

```
   M0.0        T37        Q0.0
 --| |--------|/|--------( )
```

网络3

```
   T37                  T38
 --| |----------| IN      TON |
                |            |
           20 --| PT  100ms |
```

10.

输入		输出	
启动	I0.0	M3	Q0.0
停止	I0.1	M2	Q0.1
		M1	Q0.2

程序注释

网络1　网络标题

网络注释

```
   I0.0      M0.3       M0.0
───┤├──────┤/├────────( )

   M0.0                                    T37
───┤├──┘                          ┌──────────────┐
                                  │IN        TON │
                                  │              │
                              60──┤PT      100ms │
                                  └──────────────┘
```

网络2

```
   T37       M0.3       Q0.0
──┤>=1├─────┤/├────────( )
    2
```

网络3

```
   T37       M0.2       Q0.0       Q0.1
──┤>=1├─────┤/├────────┤├─────────( )
    4
```

网络4

```
   T37       M0.1       Q0.0       Q0.1       Q0.2
──┤>=1├─────┤/├────────┤├─────────┤├─────────( )
    6
```

网络5

```
   I0.1                 Q0.0       M0.1
───┤├──────┬──────────┤├─────────( )

   M0.1    │                               T38
───┤├──────┤                      ┌──────────────┐
           │                      │IN        TON │
   Q0.1    │                      │              │
───┤/├─────┤P├                30──┤PT      100ms │
                                  └──────────────┘
```

网络6　│

```
   T38       Q0.0       M0.2
───┤├──────┤├─────┬────( )

   M0.2            │                        T39
───┤├─────────────┤               ┌──────────────┐
                                  │IN        TON │
                                  │              │
                              30──┤PT     100 ms │
                                  └──────────────┘
```

网络7

| T39 | M0.3 |

—| |—| |——( )

11.

输入		输出	
传感器 S1	I0.0	电磁阀 YV	Q0.0
传感器 S2	I0.1	缺油指示灯	Q0.1

程序注释

网络1   网络标题

网络注释

| I0.0 | T37 | M0.0 |

—| |——| / |——( )

| M0.0 | Q0.0

—| |——   ( )

网络2

| M0.0 | T37

—| |——| IN   TON |

        30 —| PT   100 ms |

网络3

| I0.1 | T60 | T59

—| |——| / |——| IN   TON |

                5 —| PT   100 ms |

网络4

| T59 | T60

—| |——| IN   TON |

        5 —| PT   100 ms |

网络5

| T59 | Q0.1

—| |——( )

12.

输入		输出	
启动	I0.0	清洗装置远动	Q0.0
车辆检测传感器	I0.1	喷淋器	Q0.1
		刷子电动机	Q0.2

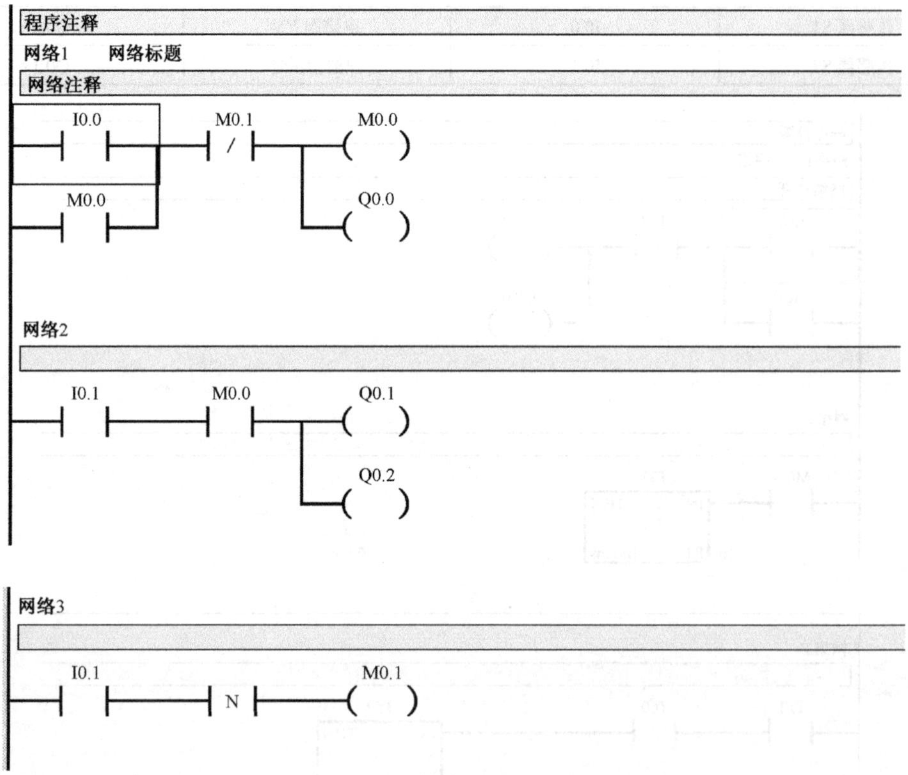

程序注释

网络1　网络标题

网络注释

```
   I0.0        M0.1        M0.0
───┤ ├──┬──────┤/├─────────(   )
          │
   M0.0   │                  Q0.0
───┤ ├────┘                 (   )
```

网络2

```
   I0.1        M0.0         Q0.1
───┤ ├─────────┤ ├─────────(   )
                             Q0.2
                            (   )
```

网络3

```
   I0.1                     M0.1
───┤ ├──────┤ N ├──────────(   )
```

习 题 四　参 考 答 案

1．填空题

（1）循环指令有 FOR 和 NEXT 两条指令构成。FOR 到 NEXT 之间的程序段一般称为循环体。

（2）字左移指令中，若移位次数设为 18，则实际只能移 16 次。如果移位后结果为 0，则零存储器标志位 SM1.0 为 1。

（3）S7-200 PLC 的指令系统中，与子程序相关的操作有：建立子程序、子程序的调用和子程序返回。

（4）累加器的值在子程序调用时即不保存也不恢复。

（5）在子程序局部变量表中定义的变量类型在变量表中的位置必须按以下先后顺序传入子程序（IN）、传入和传出子程序（IN/OUT）、传出子程序（OUT）和暂时变量（TEMP）。

（6）运算指令包含算术运算指令和逻辑运算指令两大类。

2.

```
        I0.0              ┌─────────────┐
   │────┤ ├──────────────┤  BLKMOV_W   ├──────( )
   │                      │ EN       ENO│
   │                      │             │
   │                 VW20─┤ IN      OUT ├─VW100
   │                   10─┤ N           │
   │                      └─────────────┘
```

3.

```
        I0.0          ┌──────────┐
   │────┤ ├──────┬────┤    LN    ├────────( )
   │            │     │ EN    ENO│
   │            │     │          │
   │            │ VD0─┤ IN   OUT ├─ACO
   │            │     └──────────┘
   │            │
   │            │     ┌──────────┐
   │            ├─────┤    LN    ├────────( )
   │            │     │ EN    ENO│
   │            │     │          │
   │            │10.0─┤ IN   OUT ├─VD100
   │            │     └──────────┘
   │            │
   │            │     ┌──────────┐
   │            └─────┤   DIV_R  ├────────( )
   │                  │ EN    ENO│
   │                  │          │
   │              ACO─┤ IN1  OUT ├─ACO
   │            VD100─┤ IN2      │
   │                  └──────────┘
```

4.

```
        I0.0          ┌──────────┐
   │────┤ ├──────┬────┤   DIV_R  ├────────( )
   │            │     │ EN    ENO│
   │            │     │          │
   │            │3.14159┤ IN1  OUT├─ACO
   │            │180.0─┤ IN2      │
   │            │     └──────────┘
   │            │
   │            │     ┌──────────┐
   │            ├─────┤   MUL_R  ├────────( )
   │            │     │ EN    ENO│
   │            │     │          │
   │            │30.0─┤ IN1  OUT ├─ACO
   │            │ ACO─┤ IN2      │
   │            │     └──────────┘
   │            │
   │            │     ┌──────────┐
   │            └─────┤    SIN   ├────────( )
   │                  │ EN    ENO│
   │                  │          │
   │              ACO─┤ IN   OUT ├─ACO
   │                  └──────────┘
```

5.

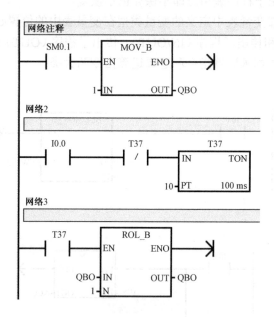

习题五 参 考 答 案

1. 顺序功能图（SFC）是描述控制系统的控制过程、功能和特性的一种图形，也是设计可编程控制器的顺序控制程序的有力工具。主要由步、有向连线、转换、转换条件和动作（或命令）组成。

2. 步可根据被控对象工作状态的变化来划分，而被控对象工作状态的变化又是由 PLC 输出状态变化引起的，因此也可根据 PLC 输出状态变化来划分。

3. 功能图主要由步、有向连线、转换、转换条件和动作（或命令）组成。可根据 PLC 输出状态变化来划分步。转换条件一般是外部输入信号，如按钮、指令开关、限位开关的接通/断开等，也可以是 PLC 内部产生的信号，如定时器、计数器触点的接通/断开等，转换条件也可能是若干个信号的与、或、非逻辑组合。步的活动状态的进展是由转换的实现来完成的。转换的实现应完成两个基本操作，一是使所有由有向连线与相应转换符号相连的后续步都变为活动步；二是使所有由有向连线与相应转换符号相连的前级步都变为不活动步。

4.

（1）两个步绝对不能直接相连，必须用一个转换将它们隔开。

（2）两个转换也不能直接相连，必须用一个步将它们隔开。

（3）功能表图中初始步是必不可少的，它一般对应于系统等待启动的初始状态，这一步可能没有什么动作执行，因此很容易遗漏这一步。如果没有该步，无法表示初始状态，系统也无法返回停止状态。

（4）只有当某一步所有的前级步都是活动步时，该步才有可能变成活动步。如果用无断电保持功能的编程元件代表各步，则 PLC 开始进入 RUN 方式时各步均处于"0"状态，因此必须要有初始化信号，将初始步预置为活动步，否则功能表图中永远不会出现活动步，系统将无法工作。

5.

（1）

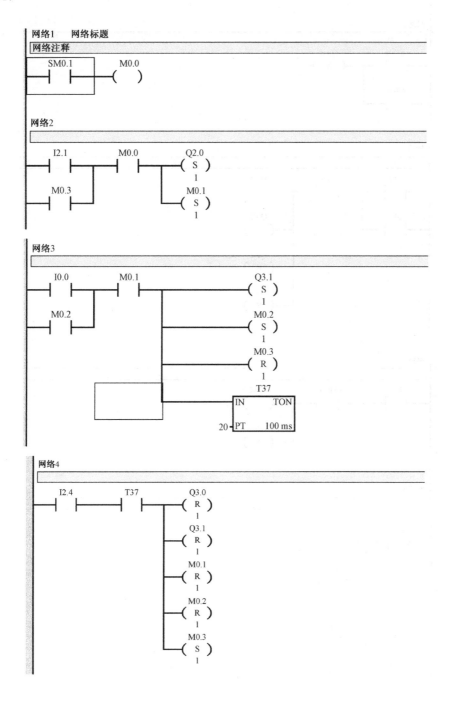

（2）

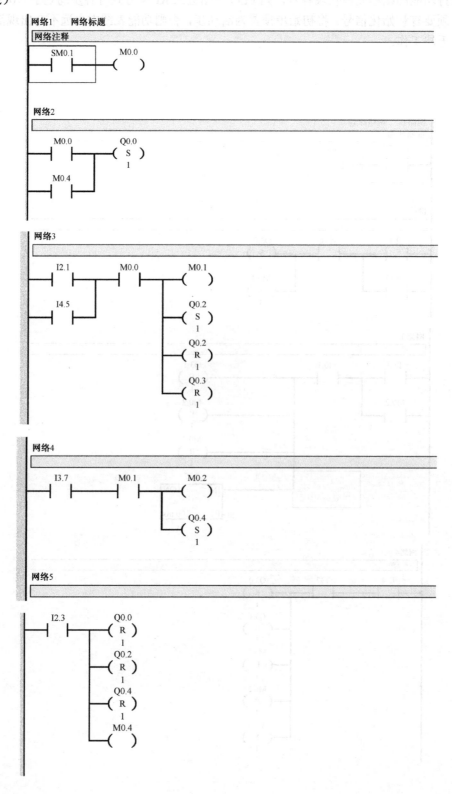

网络6

```
      I1.4      Q0.2
    ┤ ├────────( R )
                  1
                Q0.4
              ──( R )
                  1
                M0.3
              ──(   )

                Q0.3
              ──( S )
                  1
                Q0.2
              ──( S )
                  1
```

（3）

程序注释

网络1   网络标题

网络注释

```
      SM0.1          M0.0
    ┤ ├──┬──────────(   )
      M0.7│
    ┤ ├──┘
```

网络2

```
      M0.0    M0.1
    ┤ ├──┤ ├──┬────(   )
                │  Q0.0
                └──( S )
                     1
```

网络3

```
      I0.1      M0.1      M0.2
    ┤ ├──┤ ├──┬──┤ ├──────(   )
                │        M0.4
                ├────────(   )
                │        Q0.1
                ├────────( S )
                │          1
                │        Q0.3
                └────────( S )
                           1
```

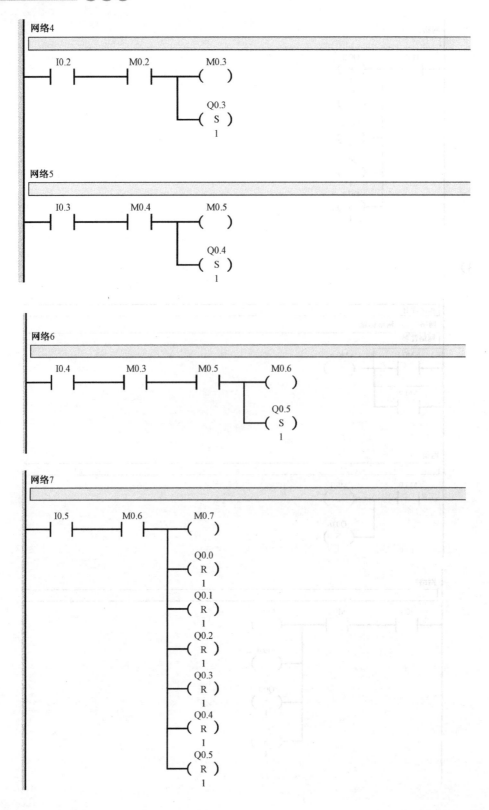

6.

输入		输出	
SQ1	I0.0	正转	Q0.0
SQ2	I0.2	反转	Q0.1
启动	I0.3		

程序注释

网络1　　网络标题

网络注释

```
    SM0.1          M0.0
  ┤├──┤ ├──────( )
```

网络2

```
    I0.3      I0.0      M0.0      Q0.0
  ┤ ├──┤ ├──┤ ├──( S )
                                    1
```

网络3

```
    I0.2               Q0.0
  ┤ ├──┬────────( R )
        │                 1
        │              T37
        │        ┌──────────────┐
        └────────┤IN         TON│
                 │              │
            50──┤PT     100 ms│
                 └──────────────┘
```

网络4

```
    T37      M0.1
  ┤ ├──┬──( )
        │
        │   Q0.1
        └──( S )
                 1
```

网络5

```
    I0.0      Q0.1
  ┤ ├──┤ ├──( R )
                    1
```

7.

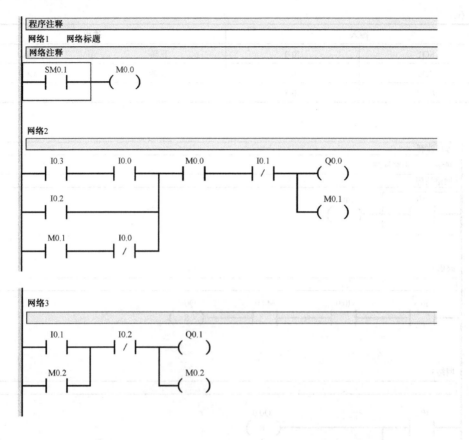

8.

输入		输出	
启动	I0.0	1 号输送带	Q0.1
停止	I0.1	2 号输送带	Q0.0

网络3

```
      T37        M0.3        Q0.1
    ──┤ ├──────┤/├────────( )──
      M0.2                  M0.2
    ──┤ ├──────────────────( )──
```

网络4

```
      I0.1        M0.4        M0.3
    ──┤ ├──────┤/├────────( )──
      M0.3                        T38
    ──┤ ├────────────────┌─────────────┐
                         │ IN      TON │
                      80─┤PT     100 ms│
                         └─────────────┘
```

网络5

```
      T38        M0.4
    ──┤ ├──────( )──
```

习题六 参 考 答 案

1．深入了解和分析被控对象的工艺条件和控制要求；确定 I/O 设备；选择合适的 PLC 类型；I/O 地址分配；设计应用系统的 PLC 梯形图程序；将程序输入 PLC；软件模拟调试；现场调试；编制技术文件。

2．I/O 点数；存储器大小；I/O 响应时间；输出负载类型；是否联网通信；PLC 的结构。

3．PLC 选型问题；干扰及抗干扰措施；节省 I/O 点数的方法。

4．选择存储器容量时应先对用户程序进行粗略的估算。在开关量控制的系统中，可以用输入总点数的 10 倍加上输出总点数的 5 倍来估算；含有计数器和定时器时，可以按每一个 3～5 字进行估算；有运算处理时按 5～10 字/量估算；在有模拟信号输入输出时，可以按每一路模拟量 100 字左右的存储容量来估算；有通信处理时按每个接口 200 字以上进行估算。最后，一般按估算的总容量的 25%左右留有备用量。

5．编制梯形图以完成以下控制要求：南北红灯亮并维持 25s，在此期间东西绿灯亮 20s 后闪烁 3s（亮 0.5s 熄 0.5s），然后东西黄灯亮 2s。再自动切换到东西红灯亮并维持 25s，在此期间南北绿灯亮 20s 后闪烁 3s（亮 0.5s 熄 0.5s），然后南北黄灯亮 2s，如此循环往复。直到停止按钮被按下为止。

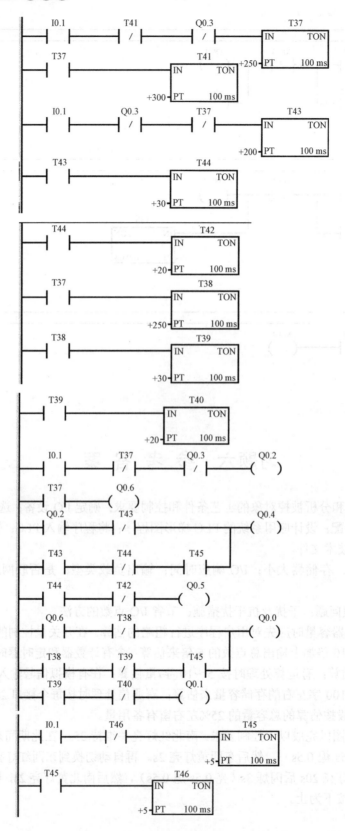

6．某一生产线的末端有一台三级皮带运输机，分别由 M1、M2、M3 三台电动机拖动，启动时要求按 10s 的时间间隔，并按 M1→M2→M3 的顺序启动；停止时按 15s 的时间间隔，并按 M3→M2→M1 的顺序停止。皮带运输机的启动和停止分别由启动按钮和停止按钮来控制。

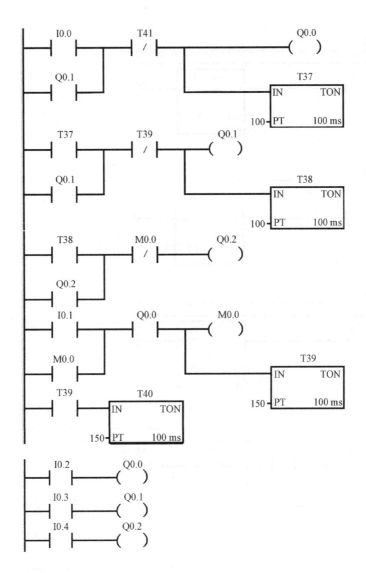

7．要求利用西门子 S7-200 PLC 设计控制要求如下的一台自动售货机。假设该系统中汽水 2 元 1 杯，咖啡 3 元 1 杯。

（1）此售货机可投 1 角、5 角或 1 元硬币；

（2）当投入的硬币总值超过 2 元时汽水按钮指示灯亮；当投入的硬币总值超过 3 元时汽水和咖啡按钮指示灯都亮；

（3）当汽水按钮指示灯亮时，按汽水按钮则汽水排出，8s 后自动停止，在这段时间内汽水指示灯闪烁；

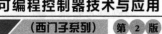

（4）当咖啡按钮指示灯亮时，按咖啡按钮则咖啡排出，8s 后自动停止，在这段时间内咖啡指示灯闪烁；

（5）若投入硬币总值超过所购买饮料的价格（汽水 2 元、咖啡 3 元）时找钱指示灯亮并退出多余的钱。

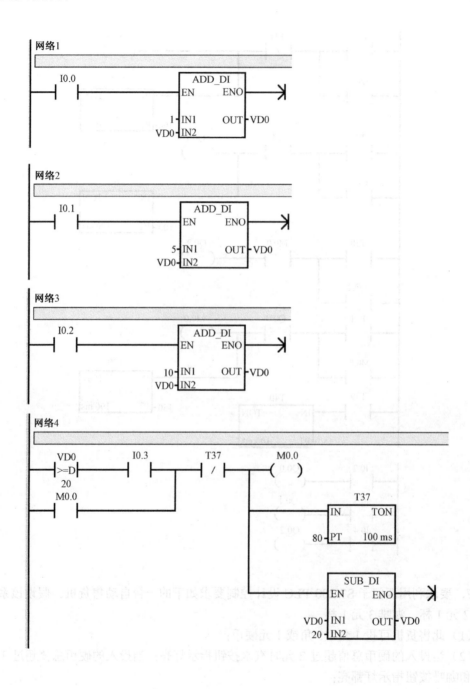

网络5

```
   SM0.5        M0.0         Q0.0
───┤ ├─────────┤ ├─────────( )
   M0.0         VD0
───┤/├─────────┤>=0├
                 20
```

网络6

```
   VD0          I0.4        T38         M0.1
───┤>=D├───────┤ ├─────────┤/├─────────( )
    30
   M0.1                                      ┌──────────────┐
───┤ ├──────────────────────────────────────┤        T38   │
                                             │IN       TON  │
                                          80─┤PT    100 ms  │
                                             └──────────────┘

                                             ┌──────────────┐
                                             │    SUB_DI    │
                                             │EN       ENO ─┤>
                                         VD0─┤IN1     OUT ─VD0
                                          30─┤IN2           │
                                             └──────────────┘
```

网络7

```
   SM0.5        M0.1         Q0.1
───┤ ├─────────┤ ├─────────( )
   M0.1         VD0
───┤/├─────────┤>=D├
                 30
```

网络8

```
   T37          I0.3        I0.4        T39         M1.0
───┤ ├─────────┤/├─────────┤/├─────────┤/├─────────( )
   T38                                      ┌──────────────┐
───┤ ├─────────                            │        T39   │
   M1.0                                     │IN       TON  │
───┤ ├─────────                          30─┤PT    100 ms  │
                                             └──────────────┘
```

网络9

```
   VD0          T39         Q0.2
───┤>D├────────┤ ├─────────( )
    0
```

参 考 文 献

[1] 张万忠，刘明芹．电器与 PLC 控制技术．北京：化学工业出版社，2003.8
[2] 鲁远栋．PLC 机电控制系统应用设计技术．北京：电子工业出版社，2006.4
[3] 吴作明．工控组态软件与 PLC 应用技术．北京：北京航空航天大学出版社，2007.1
[4] 廖常初．S7-200 PLC 基础教程．北京：机械工业出版社，2006.1
[5] 田淑珍．可编程控制器原理及应用．北京：机械工业出版社，2007.8
[6] 程周．电气控制与 PLC 原理及应用（欧姆龙机型）．北京：电子工业出版社.2006
[7] 张万忠．电器与 PLC 控制技术．北京：化学工业出版社，2004
[8] 张伟林．电气控制与 PLC 应用．北京：人民邮电出版社，2007
[9] 高钦和．可编程控制器应用技术与设计实例．北京：人民邮电出版社，2004
[10] SIMATIC S7-200 可编程控制器系统手册．2004